航空技术概论

袁昌盛　万方义　白浩雨　编著

U0209220

航空工业出版社

北　京

内 容 提 要

本书主要介绍了航空学科的基本概念和相关知识，内容包括航空技术发展简史、航空器的类型与构造、基本飞行原理、航空动力系统、机载系统与武器、地面设施与保障系统、航空科技与工程等。本书主要面向航空类高校低年级本科生，也可作为航空领域从业人员的参考，使读者了解航空学科构成、特点、基本理论和学科发展前沿及趋势。

图书在版编目（CIP）数据

航空技术概论 / 袁昌盛，万方义，白浩雨编著. --
北京：航空工业出版社，2021.7
ISBN 978-7-5165-2519-7

Ⅰ. ①航…　Ⅱ. ①袁… ②万… ③白…　Ⅲ. ①航空工
程 - 工程技术 - 高等学校 - 教材　Ⅳ. ①V2

中国版本图书馆 CIP 数据核字（2021）第 070825 号

航空技术概论
Hangkong Jishu Gailun

航空工业出版社出版发行
（北京市朝阳区京顺路 5 号曙光大厦 C 座四层　100028）
发行部电话：010-85672663　010-85672683

三河市航远印刷有限公司印刷　　　　　　全国各地新华书店经售
2021 年 7 月第 1 版　　　　　　　　　　2021 年 7 月第 1 次印刷
开本：787×1092　1/16　　　　　　　　　字数：375 千字
印张：14.75　　　　　　　　　　　　　　定价：68.00 元

前　言

航空科技融合了现代科学和工业中的许多先进成果，并引领许多专业学科的发展，甚至促成一些新专业的形成，是一个高度综合、快速发展的领域。但也正因为如此，许多有志于航空事业的学生在入校后，却面临着不知如何开始的难题，面对大量的专业课程和基础知识，总觉得无从下手。到了高年级进入专业课程学习之后，又常会局限于某个专业的特有的思路和方法，难以形成全局观、整体观。

本书着重于介绍航空科技领域的基本概念和相关知识，为读者描绘出基本的航空科技体系框架，使读者了解航空科技的构成、理论体系和研究方法，能够较容易地开展以后的学习和研究。在内容编排方面，尽量通俗易懂，注重基本概念，注重综合性和系统性，强调各专业、各学科之间的有机联系，力图建立起航空学科体系的大框架。全书包括7个部分，即航空科技发展历程、基本飞行原理、飞行器类型与构造、航空动力系统、机载系统与武器、地面设施与保障系统、航空科技与航空工程等。第1章简要介绍了航空发展史、各个时期飞机的特点以及航空发展的关键问题。第2章介绍了流体流动的基本规律、作用在飞机上的空气动力、飞机的基本部件及其几何参数、飞机的外形与性能的关系、飞机的气动布局、飞行性能等与飞行相关的基本原理。第3章介绍了飞行器的构造、主要部件的形式与特点、飞机结构的布置安排等。第4章介绍了常用的航空动力系统、各类系统的工作原理与性能特点、动力系统在飞机上的安装方式等。第5章对典型机载系统进行介绍，包括航空电子系统、导航系统、飞行控制系统，也对军机的武器系统做了简要介绍。第6章为保障飞机正常运行的地面设备和技术支持。第7章简要介绍了航空科技的主要构成、航空科研方法及特点、飞行器研制的主要流程和相关工作等，最后还包括了对航空科技发展的一些展望。

本书所涉及的科技领域相当广泛，各个领域的新技术也处于快速发展的状态，限于编者水平，疏漏错误之处在所难免，恳请读者不吝批评指正。

编著者

2021 年 1 月

目 录

第 1 章 航空发展简史

1.1 人类飞行的早期探索

1.1.1 关于飞行的神话与传说

　　人类对飞行的向往大概是与生俱来的，远古的人类在仰望天空时，可能就产生了飞翔其间的梦想。远古的人类，或许将飞行归为某种神奇的能力，或者某些神奇的物体。纵观有关飞行的神话与传说，大致可以发现有以下几种类型。

　　（1）带翅膀的形象

　　古人似乎认为形象代表能力，想象着装上翅膀就可以飞行，古代神话传说中有许多关于人类装上翅膀就可以飞行的故事。例如，《山海经》中就记载有"飞人""飞车"等传说。《山海经·大荒南经》云："有羽民之国，其民皆生毛羽。"《山海经·海外南经》云："羽民国在其东南，其为人长头，身生羽。一曰在比翼鸟东南，其为人长颊。"（郭璞注："（羽民国人）能飞，不能远，卵生，画似仙人也。"）

　　《封神演义》里有雷震子（见图1-1），他生有翅膀，能在空中自由来去。

　　古希腊神话中的赫尔墨斯（见图1-2），为商业之神、旅者之神，也是众神的使者，他的形象是头戴有翅的盔形帽，足登带翅飞鞋。

图 1-1 神话中的雷震子　　　　　　图 1-2 赫尔墨斯的形象

古希腊和古罗马的神话中，许多神都长有翅膀，或拥有带有翅翼的动物作为坐骑，如飞马、飞鹿等。在世界许多民族的神话故事和传说中，将这种"翅翼"作为一种象征符号，它是一种超能力的象征。

（2）飞行载运器

另一种就是利用飞行载运工具，如晋代张华《博物志》里讲道："奇肱国，其民善机巧，以杀百禽，能为飞车从风远行。"《博物志》和《山海经》校注都写道："奇肱民善为拭扛，以杀百禽，能为飞车，从风远行。汤时西风至，吹其车至豫州。汤破其车，不以视民，十年东风至，乃复作车遣返，而其国去玉门关四万里。"

古希腊神话中的太阳神也是驾驶着火焰战车飞越天空（见图1-3）。

图1-3　古希腊神话中的太阳神

（3）特殊物体

毕竟飞行是一种神奇的能力，古人也常常会幻想有某些神奇的物质，或某些被施予特殊魔法或能力的物体可以作为载体，如驾云、乘风等。《庄子》一书中有"列子御风而行"的语句，而《西游记》中的神鬼，大多驾云飞行。

阿拉伯神话中的飞毯，也是一种神奇的飞行器——以它的特性来看倒更像是一种坐标转换机制——将坐标系建立在飞毯上，则世界成为运动的。西方神话故事中的女巫，骑乘扫帚飞行。

在古代关于舜帝的传说中，说到舜在受到其继母迫害，将被烧死在谷仓顶上时，得到了一件天女赠送的鸟形彩纹披风，他利用这件披风滑翔而下，逃离了熊熊大火（也有说法是舜手持两个斗笠跃下，安然无恙）。这个故事被收录到许多外国文献中，认为这是人类第一次关于降落伞使用的想象。

（4）神力

还有一种飞行能力属于抽象层，没有具体功能部件，就是能飞。例如，龙可以飞，嫦娥也可以飞。按神话中的说法，神仙都很轻（《西游记》中，孙悟空说凡人重似泰山，所以他无法背着师傅飞行），直接可以飘浮，同时也有直接力控制机制，随心所欲飞往各处。

1.1.2 模仿鸟类的尝试

正如神话中对于翅膀的崇拜，在飞行的尝试中，鸟类的翅膀一直被人们执着地模仿着。早期的人们将羽毛或轻质木材粘贴在手臂上，尝试飞行。可想而知，这样做的结果常常是灾难性的。

班固所撰《汉书》中记载：王莽曾下令征集贤才以抗御匈奴。有人前来应征，并宣称他能飞行以窥探匈奴的虚实，王莽当即令他现场表演。此人将用鸟羽做成的两只翅膀套在身上，在头部和身上连以羽毛，从高处跃下，飞行数百步落地。

早在 2000 多年前的春秋时期，中国著名的工匠公输般（即鲁班），曾制造过能飞的木鸟。在《墨子·鲁问篇》中记载：公输子（即鲁班）削竹木以为鹊，成而飞之，三日不下。公输子以为至巧。子墨子谓公输子曰："子之为鹊也，不若匠之为车辖，须臾刘三寸之木而任五十石之重。"故所谓巧，利于人谓之巧，不利于人谓之拙。

关于这件事还有另一个版本，《韩非子》中有：墨子为木鸢，三年而成，蜚一日而败。弟子曰："先生之巧，至能使木鸢飞。"墨子曰："吾不如为车輗者巧也。用咫尺之木，不费一朝之事，而引三十石之任，致远力多，久于岁数。今我为鸢，三年成，蜚一日而败。"惠子闻之曰："墨子大巧，巧为輗，拙为鸢。"

但这里的主旨似乎是在宣扬谁更有用，属于那个时代人常用的"寓言"手法，故事的真实性不太可靠。

东汉时期，王充在他著的《论衡·儒增篇》中，曾论述了木鸟飞天的可能性。《后汉书·张衡传》中也记载了张衡制作木鸟。

人们要把飞行的幻想变成现实的愿望非常强烈。他们继续努力，不断奋斗，甚至不惜舍弃自己宝贵的生命。

公元 875 年，物理学家阿巴斯·菲尔纳斯将全身贴满羽毛，身上绑着一对大翅膀，在公众面前进行了一次飞行表演。据记载，他在空中不断扑动翅膀，但飞了一段时间后坠地重伤。这位冒险家后来说，他失败的原因是没有像鸟一样装上一个尾巴。

1503 年，意大利学者丹蒂曾用自制的翼飞行，他的运气很好，居然活了下来。

1507 年，一位名叫约翰·达米安的人，身穿翼衣，从苏格兰的斯特灵城堡往下跳，他准备飞到法国去。结果是坠地摔断了大腿骨，幸好没有摔死，只是落了个终身残疾。他总结失败经验时却相当有趣，他说："错误是在于没有使用鹰的羽毛，而使用了鸡的羽毛。鸡属于地面禽类，当然不能升空飞行了。"

17 世纪，土耳其人赫扎芬·塞米比成功进行了滑翔。据说他身穿羽衣从一座高塔上跳下来，滑翔了好几千米，最后安全降落在司库台市的市场上。这个故事的可信度不高。

后来还有多人绑着各式各样的翅膀尝试飞行，但结果不是摔死就是身受重伤。有趣的是所有失败者几乎都把原因归咎于"没有尾巴"，从而有些人就此得出一个结论：要想像鸟一样飞行，必须完全彻底地模仿鸟的全部形态。

另外，在小约翰·安德森的 *The Airplane: A History of its Technology* 一书中也有几个例子。这些人被称为"高台跳跃者"，他们从高处跃下，利用形形色色的装置希望能够飞行。

试图从高塔一类建筑物上跳下来进行飞行的人数究竟有多少，很难统计清楚。但是有一点是清楚的：他们中大半是摔死了，其余幸存的人也多数残废了。而且，遗憾的是，他们对于航空技术的发展几乎没有做出贡献。

1.1.3　中国人的早期发明

（1）木鸢

前面曾经提到过，关于公输般或墨子曾制木鸢的说法可信度不高，不过这也体现出古时候中国人对飞行器械的向往。

（2）风筝

中国早在汉代以前就发明了风筝。风筝被传到西方后，许多航空先驱者就是从研究和试验风筝开始的。

传说韩信是风筝的发明者。当年楚汉相争最后一战垓下之战中，虽已将项羽团团围住，但要强攻的话也会付出很大代价。据说韩信用牛皮制成风筝，上缚竹笛，夜晚的时候放飞到空中，在高空中风吹竹笛发出凄厉的声音，汉军配合着竹笛声唱起了楚国民歌。长期在外作战的楚军听了，军心涣散，无心恋战，有的甚至也情不自禁地跟着唱起来。结果汉军趁机掩杀过去，楚军大败，溃不成军，楚霸王也在乌江自刎，汉军获得全面的胜利。

如果说风筝就是这样由韩信所发明似乎不太可信。之前也有过类似的记载，不过早先称作"纸鸢"或"风鸢"。如果说"风筝"是因此得名的倒还有一定道理，毕竟，"风筝"的"筝"字就表明它是能够发声的。

风筝也常被用作科学用途，据说富兰克林曾在一个电闪雷鸣的夏天，通过放在高空中的风筝将雷电引到他自制的"充电器"上，完成了震惊世界的"捕捉天电"的实验，并由此发明了避雷针。莱特兄弟（兄：威尔伯，Wilbur，1867—1912；弟：奥维尔，Orville，1871—1948）在发明飞机之前也是从研究和试验风筝开始的。

（3）竹蜻蜓

中国人很早就做出了竹蜻蜓（见图1-4）。早在晋朝，葛洪所著的《抱朴子》一书中就有类似竹蜻蜓的飞行器的记述，那时大概只是作为一种玩具。这种简单的玩具，却包含着切实的飞行原理，启示了许多人。现代的直升机和飞机上的螺旋桨，其外形和原理都与竹蜻蜓相似。

（4）鸡蛋壳

《淮南万毕术》曰："艾火令鸡子飞"（取鸡子，去其汁，然艾火，纳空卵中，疾风因举之飞。）；苏轼在《物类相感志》记载："鸡子开小窍，去黄白了，入露水，又以油纸糊了，日中晒之，可以自升起，离地三四尺。"

这段记述很有意思：按实际情况分析，鸡蛋壳内充入热气甚至氢气，都无法使自身上升，也就是说，这种情况，大概是观察不到的；但是，从原理上说，这就是热气球上升的机理。描写出无法实现的情况，却又揭示出正确的原理，不知古人是如何做到的。

图1-4　竹蜻蜓玩具

（5）松脂灯 / 孔明灯

中国古代的孔明灯（见图 1-5），被公认为热气球的鼻祖，但它不是孔明发明的。据说在五代时，莘七娘随夫出征，用竹和纸做成一方形灯笼，底盘用松脂油点燃后，随着灯笼内空气变热，灯笼就可扶摇直上，用作联络信号，这种灯当时被称作"七娘灯"。后来由于孔明对这种灯的军事应用很出名，孔明灯的叫法就逐渐传开了。

图 1-5 孔明灯

18 世纪初，中国的孔明灯逐渐流传到了西方。1782年，在法国巴黎的一次博览会上，一些艺人表演了一种很像中国孔明灯的日本灯，将灯笼底部的蜡烛点燃后，灯笼就慢慢地升到了空中。据说当时在观灯人群中的蒙哥尔费兄弟（Montgolfier brothers）因此受到启发，发明了热气球。

1.1.4 先行者

人类的飞行梦想由来已久，致力于飞行的尝试与研究也由来已久。在飞机诞生之前，已经有许多人奉献出他们的才智与精力，为人类最终能够飞行奠定了基础。

（1）罗吉尔·培根

欧洲文艺复兴的前夜，曾出现一位认真思考飞行器的人，他就是英国的学者罗吉尔·培根（R. Bacon，约 1214 —1292）。

在大约 1250 年成书、1542 年才出版的著作《工艺和自然的奥秘》中，培根提出了动力飞行的概念。虽然他的设想还相当简单粗糙，但人们把他看作历史上第一个提出类似 20 世纪飞机概念的人。

培根终生不得志，生前曾将手稿送给一些宗教领袖，但没有得到重视，加之其著作大都在他死后几百年才出版或译成通用文字，因此培根的飞行器思想没有对后世产生什么影响。

（2）达·芬奇

列奥纳多·达·芬奇（Leonardo da Vinci，1452—1519），意大利著名画家、学者和航空科学先驱，世界文化史上最伟大的人物之一。美国著名科学史学家乔治·萨顿（G. Sarton）曾指出："写一部有关他的天才作品的完整研究著作，也就意味着写一部真正的 15 世纪科学技术百科全书。"

达·芬奇的航空学研究可以分成三大部分：

- 关于飞行的理论和原理；
- 飞行的稳定性和控制；
- 飞行器设计。

1505 年，达·芬奇完成了《论鸟的飞行》科学论文，对鸟类的飞行进行了图文并茂、十分形象的描述。达·芬奇设计过扑翼机、降落伞和直升机，但投入精力最多的是扑翼机。可惜由于他的思想超前时代太多，无法被当时的人们所理解，而且出于各种原因，他的许多论文、手稿在当时没有公开发表，所以达·芬奇对航空发展也几乎没有产生任何影响。

（3）乔治·凯利

乔治·凯利（G. Cayley，1773—1857），英国航空科学家，为重于空气的航空器创立了必要的飞行原理，他的论文《论空中航行》（1809年）被认为是现代航空学诞生的标志。论文阐述了飞行器基本原理，分析了稳定性、安全性和操纵性的重要性，提出许多重要概念。

乔治·凯利的主要贡献包括：

● 提出了人类为了实现飞行，必须分别实现升举和推进两种功能，其中实现升举的方法是采用固定的机翼，这是航空史上的一个重大转折点。

● 开创了空气动力学实验研究，他初步得出机翼的升力与机翼面积成正比，与运动速度的平方成正比，与机翼迎角的正弦成正比的结论。

● 论文《论空中航行》阐述了飞行器的稳定性、操纵性，以及发动机方面的研究成果，开创了早期飞行器研制的正确道路。

他的研究成果远远超出了时代，在他之后近百年间，也没人超过他的水平或认识到他的发现的重大意义。

凯利在滑翔机研制方面投入大量精力（见图1-6），在1805年他制作出一架模型滑翔机，被认为是第一架现代意义上的重于空气的飞行器。在50多年的时间里，凯利不断地改进他的滑翔机设计。

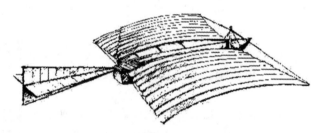

图1-6 凯利早期制作的滑翔机，可以看出
机翼弯曲的截面和上反设计

（4）亨森

1842年，英国工程师亨森（W. Henson，1812—1888）与其同伴约翰·斯特林·凡罗设计出一架飞机，取名为"空中蒸汽车"（见图1-7）。飞机呈单翼结构，机翼翼展45.72m、宽9.14m、翼面积418.1m^2，水平尾翼面积为139.4m^2。飞机长约为25.83m，总重量[1]约1360kg。亨森计划采用的动力装置是一台18～22.4kW的蒸汽机，驱动两副六叶螺旋桨。

1842年9月29日，亨森申请了飞机设计专利，名称是"用于空中、陆地和海上的蒸汽动力装置"。他在专利说明书上写道，这种装置"能够把信件、物品和乘客经由空中从一地送到另一地"。1843年4月，"空中蒸汽车"专利获得批准。这是历史上第一个重于

---

① 本书"重量"为质量（mass）概念。

空气飞行器的发明专利，在世界航空史上具有重要地位。后人对这项设计也给予了很高的评价，有人称之为世界上第一种真正的飞机。

图 1-7　"空中蒸汽车"的想象图

1843 年，一位名叫弗里德里克·马里奥特的银行家和一名叫科伦比的律师为了商业目的，成立了"空中运输公司"，计划制造"空中蒸汽车"。亨森也表示同意，因为这或许是筹集资金的一个办法。但是科伦比和马里奥特是抱着赚钱的目的创办公司，对飞机本身并不真正感兴趣。他们到处做广告，四处张扬，画了许多招贴画。夸张式宣传并没有吸引到投资，相反，人们开始嘲笑"空中蒸汽车"和亨森了。

（5）阿德尔

阿德尔（C. Ader）是法国的一位电气工程师。1889 年前后，阿德尔在法国官方资助下，设计并制造了一架蝙蝠式飞机，取名"风神"（见图 1-8），它的外形极像蝙蝠。"风神"机翼翼展长 14m，翼面积 28m²，机长 6.5m，安装一台 15.2kW 的蒸汽机，带动一副四叶螺旋桨。"风神"的总重量约为 296kg。1890 年 10 月 9 日，"风神"在靠近格雷茨湖的阿美因小山村进行了一次秘密试飞。

图 1-8　阿德尔的"风神"

阿德尔于 1892 年又开始制造第二架飞机，但工作尚未完成就放弃了。继而他又制造了第三架飞机。阿德尔将第三架飞机命名为 avion ——法语的"飞机"，这或许也可以算作一个重要的贡献了。

（6）李林达尔

奥托 · 李林达尔（Otto Lilienthal，1848—1896），德国工程师，在航空史上占有重要地位。他进入航空研究领域的第一步是观察研究鸟的飞行，积累了大量关于鸟的翅膀形状、面积和升力大小的数据。

1861—1873 年间，李林达尔和弟弟古斯塔夫（Gustav Lilientha）依据前人留下来的关于平板空气阻力和升力的数据制造了多架动力飞机模型，但这些模型都飞不起来。因此他们决定自己做实验，取得气动力方面的第一手数据。

1889 年，李林达尔的著作《鸟类飞行——航空的基础》出版。这部著作集中讨论了鸟翼的结构、鸟的飞行方式和体现的空气动力学原理，并且论述了人类飞行的种种问题，他特别讨论了人造飞行机器翼面形状、面积大小和升力的关系。这部书几乎成了与他同时代或比他稍晚的航空先驱者的必读书，为航空发展做出了很大的贡献。

从 1891 年到 1896 年，他先后制造了 18 种不同形式的滑翔机，其中有 12 种是单翼机，6 种是双翼或多翼机。他的滑翔机除了机翼面积的大小和布局不同外，机翼形状几乎是一样的，即用肋条制成弯曲的辐射状骨架，然后再覆上蒙皮，很像天空中飘忽飞行的大鸟的翅膀。滑翔机典型数据是：翼展 7m，面积约 $14m^2$，弦长 2.5m，机长 2m，空重约 20kg。

李林达尔利用这些滑翔机进行了大量飞行试验（见图 1-9）。他的滑翔距离一般都在 100 ~ 250m。1895 年，李林达尔试验了机翼前缘襟翼装置，以改善滑翔机的抗风性能，同时也试验了空气制动装置。他的滑翔机在飞行过程中主要依靠身体摆动进行操纵。

图 1-9 李林达尔的滑翔机

1891—1896 年，他进行了 2500 多次滑翔飞行，其中最远距离达 300m。为了对滑翔机进行研究和改进，他同古斯塔夫合作，将许多滑翔飞行的情况拍成照片，然后加以分析和研究。这样，李林达尔留下了大量极其珍贵的飞行历史照片，不仅为同时代提供了极其有益的借鉴，也为航空史研究留下了宝贵的第一手资料。李林达尔的滑翔飞行在当时就产生了广泛而积极的影响。李林达尔成为 19 世纪最后 10 年名副其实的"空中飞人"。

李林达尔以其广泛的研究、试验以及行动对早期航空史产生了极大的影响。然而，对待航空发展的正确途径，李林达尔的认识并不清楚。他重视试验虽然是正确的，但不能因此而忽视理论。他曾说过："只有实际试验才能解决这个问题，我们必须让空气和风发表它们自己的意见。"他甚至还说："设计一架飞行器没有什么，制造出来也不算了不起，试验它才是最重要的。"

1896 年 8 月 9 日，李林达尔在试飞他的 11 号滑翔机时，开始阶段似乎一切正常，但几分钟后，一阵大风突然刮来，阵风诱导失速，使滑翔机失去控制，李林达尔重重地摔在了地上，第二天他在医院中去世。据说，他死前说的最后一句话是："必须做出牺牲。"

（7）查纽特

查纽特（O. Chanute，1832—1910），美国土木工程师，他是在莱特兄弟之前，最后一位卓有成就的滑翔机研制者。1878 年在访问英国时，因受韦纳姆（英国人，世界第一个风洞发明者）的影响和鼓励而走上航空发展之路。他广泛收集有关航空的各种著述和文献，并认真加以研究，进而对前人的成就和经验教训进行了独到的评述。1894年，其著作《飞行机器的进展》的出版对航空先驱者有很大指导意义。

在李林达尔的指导下，查纽特于 1896—1897 年设计和试验了全尺寸滑翔机（见图 1-10），由助手试飞。他十分强调操纵性能，设计的滑翔机的尾翼组件是柔性的，可进行上下柔性操纵。这比李林达尔前进了一大步。滑翔机由悬挂式改为坐式，大大减轻了驾驶员的负担。可以说，查纽特的双翼机是莱特兄弟之前最优秀的滑翔机。查纽特的助手曾驾驶它进行了 700 次安全的滑翔飞行，最远距离为120m。

图 1-10　查纽特的滑翔机

（8）兰利

塞缪尔·兰利（Samuel Langley，1834—1906）年轻时是一位铁路勘测和土木工程师，后来靠自学成为一个在数学、天文学、物理学领域具有良好造诣的人。

1886 年，他开始认真研究飞行问题。为此，他设计了旋臂塔并进行了大量的空气动力学试验，研究平板和鸟翼在空气中运动产生升力和空气阻力的规律。由此他得出了许多定量的结果，也指出了前人包括牛顿在研究中得出的错误结论。他得出了倾斜平板的升力规律是：升力与平板面积成正比，与速度的平方成正比，与迎角的正弦成正比。这个公式与我们今天的认识基本相符。

1891 年，他把这些研究结果总结写成《空气动力学试验》一书，在华盛顿史密森尼学会出版。这是较早的航空基础理论著作之一，得到了查纽特和兰彻斯特等人的高度评价。兰利在书中明确地说，"通过过去几年的研究结果，我认为，可以制造出一种机器，当它的倾斜平面以一定的速度运动时，完全能够在空气中支持比空气重得多的全部机器重量，并且能够以极高的速度飞行"，而且"这种机器不仅在理论上是可能的，在工程上也是可以实现的"。

兰利在理论研究的同时，开始进行实际的设计工作。他首先着重解决的几个问题，一个是动力问题，另一个是机翼（升力面）问题。他认为，理论研究结果并不能完全直接用于实际设计，他说："对于一些重要问题的解决，我并不是靠解决这些问题的特殊知识，而是反复运用试错法。"

他首先进行了橡筋动力模型试验，一方面用于考察飞行器所需的动力大小，另一方面研究升力面的形状和面积，同时还可以研究它在飞行中的稳定性。到1901年，他先后制造了大约40架模型，有单翼、双翼、平面翼、弯曲翼等各种机翼布局。

制造大型模型必须具有更好的动力装置。他研究了各种动力装置，测量了各种燃料所含的能量，包括酒精、汽油、火药等。动力装置包括压缩空气式、碳酸气式、电池、蒸汽机和汽油机等。最后，他把精力集中在蒸汽机上面。他设计的蒸汽机原理很简单，用汽油或酒精加热螺旋管（蒸汽发生器）后，从一端输入水，另一端便产生高压蒸汽，靠这种蒸汽驱动小活塞以驱动螺旋桨产生拉力或推力。

1894—1896年间，兰利设计了一系列的试验模型（见图1-11）。第一架"空中旅行者"模型编号为第0号，总重量约22kg。发动机的设计功率为0.746kW。尔后他又设计了第1、第2、第3号"空中旅行者"，但都因发动机功率不足而放弃了。后来设计的第4号模型也未取得成功，也是因为发动机功率不足。1896月5月，第5号模型进行了一次非常成功的飞行。它上升到约20m的高度，飞行距离达760m，飞行轨迹是螺旋状，一共有三圈。那天在场观看飞行的还有美国著名发明家亚历山大·贝尔（A. G. Bell，1847—1922）。同年11月28日，第6号模型飞机进行了高度成功的飞行。由于有两台发动机，它的留空时间长达2min45s，飞行距离达到1500m。它经历了数次下滑和上升以及转弯飞行，直线飞行距离超过520m。

图1-11 兰利1896年设计的飞机模型

　　兰利在 1896 年取得的极大成功，是历史上第一架重于空气的飞行器成功实现稳定持续飞行的实例，证明重于空气飞行器的可能性和现实性，在航空史上无疑应该重重地写上一笔。1897 年，兰利在给史密森尼学会的年度报告中指出，"我利用自己的试验取得的某种成功，证明了重于空气飞行机器的可能性……机械飞行现在已经实现"。

　　兰利完成了动力模型飞行试验后，准备放弃进一步发展载人动力飞机的工作，留待后人进一步研究。他做出这个决定主要基于以下考虑，第一，他的目的只是想指出重于空气的飞行器的可能性，并通过实际的动力模型加以证明；第二，载人飞行器的研究还需要解决许多已知和未知的问题；第三，他本人年事已高（当年 62 岁），加之作为史密森尼学会秘书日常工作非常繁忙，难以再做更多的工作。

　　但是，"树欲静而风不止"，当时的美国总统麦金莱对兰利的试验很重视。1898 年美国西班牙战争爆发后，他指定美国陆军和海军成立专门机构，考察兰利的试验工作并研究"制造能用于战争的全尺寸载人飞行机器的可能性"。他指示兰利承担可载人的"空中旅行者"的研究、制造和试验工作，提供 50000 美元的经费，同时史密森尼学会也提供了 20000 美元经费。1892 年 12 月 12 日，兰利写信给美国军方表示愿意承担此项工作。

　　在设计载人"空中旅行者"过程中，遇到的第一个重大问题是没有发动机。此外，兰利对机械设计也不甚熟悉。为此，他把刚从康奈尔大学毕业的曼利（C. Manly）聘作助手。

　　在发动机方面，通过多方面的考察和研究，并借鉴了巴尔采尔设计的旋转式发动机，曼利于 1902 年完成并试验了新型 5 缸星形水冷式汽油机，功率达到 38.8kW，重量只有 86kg。

　　1899 年，兰利和助手们对蒸汽机动力模型第 5、第 6 号进行了大量飞行试验。为了获得大飞机的稳定性设计经验，兰利设计了 4:1 比例模型，这架模型飞机的改制工作于 1903 年 4 月完成。同年 8 月 14 日，模型在试飞中取得了高度成功。它在直线飞行 120m 后转了一个圈，又直线飞行了一段距离，留空时间 27s，共飞行了约 340m。这架模型的基本布局同以前的模型相似，其空中平衡性能有了较大提高。这为兰利研制成功全尺寸飞机增强了信心。在场观看飞行的曼利记述："这次飞行是一件大事，任何在场的人一生都不会忘记。"

　　兰利的全尺寸飞机命名为"空中旅行者"，采用金属骨架，两副机翼串联，一个尾翼组件，两副推进式螺旋桨，起降方式采用船上弹射起飞。飞机的尺寸数据为：机长 15.84m，翼展 14.63m，翼面积总计 96.6m^2。垂直安定面面积为 17.6m^2，飞机总重约 331kg。

　　1903 年 10 月 7 日，曼利驾驶"空中旅行者"飞机在波托马克河上进行首次飞行试验。采用的起飞方式是在一艘船上安装了一个吊挂的弹射装置（见图 1-12），飞机沿这个装置向前上方弹射而出。大约在中午 12 时，发动机起动并检验工作正常后，弹射装置释放并将飞机弹出。这时，只见"空中旅行者"倒栽葱式地头部朝下直扑河面（见图 1-13）。

图 1-12　船上吊挂的弹射装置

图 1-13　1903 年 10 月 7 日，"空中旅行者"试飞失败

　　1903 年 12 月 8 日，修复后的"空中旅行者"再次进行了试验，这次仍然没有取得成功。据目击者称，机身后部碰到了发射架。曼利说他在飞机弹射后感到尾部出现了强烈摇摆。整个飞机头部上仰，在一股风的吹动下立刻呈垂直状态，曼利操纵舵面时飞机毫无反应。结果飞机尾部折断，"空中旅行者"垂直落入水中。

　　《纽约时报》在编者按中说："兰利的飞行机器尝试进行空中飞行的可笑惨败不是预料之外的。"一时间，兰利过去的出色成就似乎都被失败的阴影掩盖了。资金缺乏，加之他年事已高，进一步的研究几乎是不可能了。两年多后，1906 年 2 月 27 日，这位伟大的航空先驱默默地离开了人世，享年 72 岁。

　　1914 年 6 月，美国航空先驱寇蒂斯、查姆等人对兰利的"空中旅行者"进行了修复，并加装了浮筒。这架飞机在水上起飞试验中取得了成功。这件事引起了长达几十年的有关兰利与莱特兄弟的飞机发明优先权之争。

　　总地来说，兰利是一位无论在唤起人们对航空的兴趣，还是在航空基本理论研究以及设计实践上都做出重要贡献的伟大先驱者。他是为数不多的研究航空问题的职业科学家之一；他是少数在理论和实践结合的基础上研制飞行器的人之一；他也是在莱特兄弟之前最接近发明成功动力飞机的人。

　　但是，1903 年两次没有结果的飞行试验给他的巨大贡献蒙上了一层阴影，他在航空史上应有的地位被大大忽视了。

1.1.5 气球和飞艇的出现

早在蒙哥尔费兄弟的热气球升空之前 900 多年，中国人就已经成功地制作了能够升空的松脂灯 / 孔明灯。这些灯曾被用作军事联络信号。

在国外，关于热气球首次制成的年代有一些争论。俄国人宣称，他们在 1731 年就制造成功了热气球，当时俄罗斯帝国有一个叫克良库特诺的小官吏，他在那一年制作了一个布质的大圆口袋，将口袋罩在冒烟的烟囱上，使球内充满热空气。克良库特诺在口袋下面系上一个绳套，他坐在绳套里，随着气球浮升到白桦树顶的高度。这应该是俄国升空的第一个热气球，不过这种说法没有得到世界航空界的公认。

比较公认的说法是，法国的蒙哥尔费兄弟发明了热气球。1782 年 11 月 25 日，蒙哥尔费兄弟利用点燃麦秆后产生的热气，使一只以柳条为骨架、外部覆有纸皮的气球升空，这被公认为世界上第一只成功飞行的"现代"热气球，该气球直径 12m，高 17m。

1783 年 6 月 4 日，为了在法国科学院的代表面前证明自己的伟大发明，蒙哥尔费兄弟的热气球在巴黎昂诺内广场上首次进行公开飞行表演。他们用燃烧稻草和羊毛来产生热气填充球体。在气球升空前须由 8 名壮汉死死拉住，才不至于让热气球逃脱。该气球以亚麻布为蒙皮材料，直径 30.5m，容积 800m³。此次飞行高度 457m，飞行时间近 10min，飘飞距离 2300m。蒙哥尔费兄弟的成功，一时间成为法国人街头巷尾的美谈。

1783 年 9 月 19 日，蒙哥尔费兄弟奉命为法国国王路易十六夫妇表演飞行（见图 1-14）。上午 9 时许，一只容积 1200m³ 的热气球当着三万观众的面，载着绵羊、公鸡和鸭子各一只，升至 450m（一说 518m）高度，在 8min 内飞出 3200m 远，并降落到一片树林中。这是人类升空飞行前最先用动物所做的飞行器搭乘飞行。法国国王路易十六为此大悦，赐名"蒙哥尔费气球"。

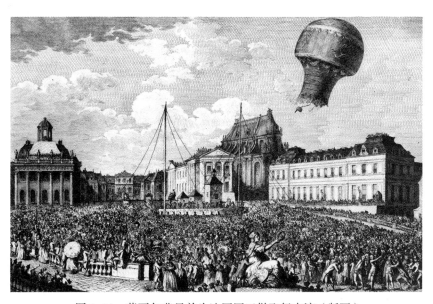

图 1-14 蒙哥尔费兄弟为法国国王做飞行表演（版画）

搭载动物的试验成功之后，蒙哥尔费兄弟就希望进行载人飞行试验。他们制作了一只直径 15m、高 23m 的更大的热气球，计划能够乘载两个人升空，而且可以在空中添加燃料燃烧，使气球长久保持充热气状态。那么让谁来乘坐这只气球呢？法国国王想让两名已经被判处死刑的罪犯来乘气球飞行，并且说，一旦他们完成这次乘坐蒙哥尔费气球的任务，那么他们就可以免去一死并恢复自由。这时有位名叫罗齐埃的青年，是一个热气球爱好者，他认为第一个乘热气球飞行的荣誉绝不能给一个罪犯。他请求将第一次升空的荣誉授给自己，这个请求得到了国王的允许。

1783 年 10 月 15 日，罗齐埃乘热气球上升到 26m 的高度，在空中停留了大约 4min30s。为了安全起见，热气球被地面绳索拉着，所以这一次仍属于"系留飞行"。

1783 年 11 月 21 日，罗齐埃同达尔朗德于当天下午 1 时 54 分，乘坐靠燃烧麦秸与羊毛产生热气的蒙哥尔费热气球，在巴黎十六区布劳涅森林边的波旁王朝行宫庭院中冉冉升空（见图 1-15），进行了人类首次自由飞行！这只蓝色的装饰着金色花纹华丽非凡的载人热气球上升到 900 多米的高度，经过 20min 的水平飘飞，降落在巴黎十三区的意大利广场上。

罗齐埃果然得到了他盼望的荣誉，他和达尔朗德以及热气球的发明者蒙哥尔费兄弟，都被选为法国科学院院士。

1783 年 8 月 27 日，法国物理学家查理（Jacques Alexandre Cesar Charles）在助手罗伯特的协助下，用浸胶织物做成直径 3.7m 的气囊，制作了世界公认的人类第一只氢气球"GLOBE"号，并在巴黎做了公开表演，曾引来了成千上万的巴黎市民围观。在升高至 914m 并自由飞行 60min（一说 45min）后，降落在 25.8km 外的田野中。可惜的是，当地受到惊吓的农民竟然将氢气球视作来自地狱的妖魔，遂群起而攻之，将其撕成碎片。

图 1-15　罗齐埃和达尔朗德合乘热气球首次在波旁王朝行宫升空

1783 年 12 月 1 日，查理与助手罗伯特乘坐世界上第一只载人氢气球，在几十万市民的注目下，从巴黎市的勒斯图勒瑞斯广场升空，经 2h 的自由飘飞（飞行高度曾达 650m），降落在 43km 外的田野上。不一会儿，他俩又再次升空，一度飞到 2750m 高度，并飘飞 35min，他们成为"在一天之内两次看到了晚霞的人"。这只直径 8.6m 的气球，成为最早可以载人飞行的氢气球。后来，随着氢气球的不断完善，很快就替代了热气球。

1783 年 11 月，法国工程师苗纪首次提出"可操纵气球"的设计原理。

1784 年，法国陆军工兵军官梅斯涅设计出原始的拥有动力装置的雪茄形飞艇草图。一旦气球安装了发动机并具备自主控制飞行功能以后，便成为新一代轻于空气的飞行器——气艇（即"飞艇"）。

1784 年，法国人布朗夏尔最先在气球上试验安装了用手摇动的称为"小风磨"的空气螺旋桨，试图靠它产生水平拉力飞越英吉利海峡。尽管所需功率明显不足，但这确实是对飞艇概念最早的一种尝试。

1784 年 9 月，法国人罗伯特兄弟制造出一艘容积 940m³、需靠 7 个人划动 2m 直径的绸布空气桨的流线型原始氢气飞艇。据记载，靠人力划桨能产生 476kW 的功率，该原始"飞艇"曾经歪歪扭扭沿着一个不规则的闭合航线，在空中艰难地移动了几千米。这是对飞艇所做的最早的探索性试飞。

1837 年，英国航空先驱者乔治·凯利开始研制带有蒸汽机动力和两副五叶空气螺旋桨的原始飞艇，并首次提出了硬式结构、全金属气囊、长圆形分隔舱等新的气球结构布局，但最后未付诸实践。但这一设计使凯利成为现代飞艇设计的鼻祖。

1852 年 9 月 24 日，法国人亨利·吉法尔（Henri Giffard）制成第一个"机械力气球"（见图 1-16），该气球外形不再是球形，而是长 43.89m、直径 11.9m 的枣核形，气囊容积 5472.4m³，总升力大于 2000kgf[1]。更重要的是，它首次装备了三角形尾舵和一台 2.2kW 的蒸汽机，直接驱动直径 2.13m 的三叶螺旋桨。气球从巴黎马戏场起飞后，用 3h 左右飞行了 28km，然后在特拉普斯着陆，做了人类第一次有动力载人"可操纵飞行"。真正的飞艇问世了！

图 1-16　亨利·吉法尔的蒸汽飞艇首飞

1884 年 8 月 9 日，法国人列纳尔（Renard）试飞了由电动机驱动的"法兰西号"（见图 1-17）全向操纵型飞艇。在当天的试验中，飞艇飞行 4200m 后又成功地返回起飞点。该艇直径 8.5m，长 51.8m，航速 19.3km/h，电动机功率 6.6kW，驱动一个直径 9m 的拉进式螺旋桨。它被认为是最早飞行成功的一艘飞艇。

1900 年 7 月 2 日，德国的齐伯林伯爵经过 6 年努力，在包金斯基附近的工厂里制成他的第一艘充氢硬式飞艇，并在腓特列港附近试飞成功（可载 1 名乘务员和 5 名乘客），飞行时间 20min。该艇代号为 LZ-1（见图 1-18），直径 11.73m，长 127m，用防水布做成 17 个气囊，容积 11300m³，升力 13000kgf。它是齐伯林至 1918 年研制出的 113 艘飞艇中的第一艘。在 20 世纪 20 年代以前，齐伯林飞艇几乎主宰了大半个世界的天空。

----

[1]　1kgf（千克力）≈ 9.8N ≈ 1daN。

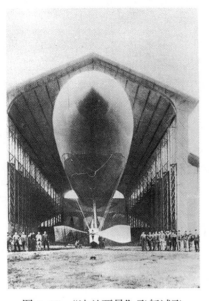

图 1-17 "法兰西号"飞艇试飞

图 1-18 上升中的 LZ-1 飞艇

1901 年 10 月 19 日，旅法巴西人杜蒙（Dumont）驾驶他的 6 号飞艇从巴黎郊区桑克尔山出发，实现了绕巴黎埃菲尔铁塔一周的壮举（见图 1-19），因此获得 15 万法郎奖金。他用实际行动向世人证明，飞行器已完全能够按人的意志自由飞行！此次飞行距离 11km，飞行时间 30min。

1903 年，杜蒙还曾驾驶他的 9 号飞艇成功地降落在友人依莱塞斯的住宅庭院前，并走下来喝咖啡小憩，从而使这种飞行器展现出成为私人空中交通工具的可能性，它甚至可用于林地上空的散步。这次有趣的飞行经历，充分显示了飞行器已对人们的日常生活产生了巨大的魅力。

图 1-19 杜蒙驾驶 6 号飞艇
绕飞埃菲尔铁塔

在飞艇方面，德国的齐伯林可以说获得了最大的成就。1894 年，他完成了硬式飞艇设计，1900 年制成 LZ-1 号飞艇。1909 年，齐伯林创设了德国航空运输有限公司，1910 年 6 月 22 日开始用 LZ-7 号齐伯林飞艇在法兰克福、巴登和杜塞多夫之间载客定期飞行，距离共 193km。LZ-7 号飞艇可载 20 人，装有 3 台 88kW 的活塞式发动机，巡航速度为 60km/h。这是最早的空中定期航线。

第一次世界大战（简称一战）前后是飞艇发展的鼎盛时期，德国建立了齐伯林飞艇队，用于海上巡逻、远程轰炸和空运等军事活动，曾多次用飞艇对伦敦进行轰炸。飞艇体积大、速度低、飞行不灵活，极易受到攻击和损坏。一战后，齐伯林公司又造了两艘巨型飞艇——"齐伯林伯爵号"和"兴登堡号"，在欧洲到南美洲和美国的商业航线上飞行。"兴登堡号"是当时最大的飞艇,容积 200000m³,长 245m,内部陈设豪华,可载 75 名旅客,速度 130km/h,1936 年 3 月 4 日开始飞行。1937 年 5 月 6 日从德国飞往美国时,在美国新泽西州莱克赫斯特上空,它的上部垂直尾翼忽然起火,火焰蔓延全艇,造成 36 人遇难,这次事故终结了飞艇的商业航行。

20 世纪 70 年代以后,不少国家又开始利用现代科技研制新的飞艇,希望在油田巡逻和吊运大型装备等方面发挥它的特殊优势。

1.1.6　第一次动力飞行

1783 年蒙哥尔费兄弟的热气球成功升空之后的一百多年里,人类的飞行处于浮空器时代。但是,人类对飞机的研究始终在继续,到了 19 世纪末,对用翼飞行的认识趋于成熟,这方面的探索与尝试也日益活跃起来。

但现实中也存在很多阻力,很多人反对这些尝试,认为用翼飞行是没有结果的愚蠢行动;多数人认为研究飞机"没有希望、毫无意义",像永动机一样违反科学规律;也有不少权威断言:机械飞行违反科学,是不可能实现的。从以下言论中可见一斑:

● 法国化学家和工程师盖 – 吕萨克、美国大科学家和数学家西蒙 · 纽科姆等人都试图证明制造一架载人飞机是不可能的。

● 美国海军上将金梅尔发表文章称:造一架载人飞机是多么困难,一架飞机的造价将比最昂贵的战舰还要高。

● 1895 年(莱特兄弟成功飞行前 8 年),英国皇家学会会长凯文勋爵宣称:比空气重的飞行器是不可能出现的。

技术发展过程中,这类事情屡见不鲜,人们总是对自己不懂的事情表示抗拒和蔑视——不需要理由和证据,并且常常冠上"科学"的名义。

当时的探索者们的社会地位也不那么令人愉快,一些努力探索着飞行前途的人甚至被视为"流氓、骗子"。当时人类飞行的努力所受到的质疑和嘲笑,在一个多世纪后的今天是难以想象的。

在这样的环境下,飞机的诞生就不仅需要知识和运气,也需要一些其他的东西。莱特兄弟成功飞行的背后,有一些经验值得借鉴。

(1)学习、参考与借鉴

莱特兄弟先用了几年的时间研究了之前的成果,分析其细节,查阅当时能够找到的所有公开的文献。威尔伯曾写信给史密森尼学会索取有关书籍和文章,他们也阅读了凯利、兰利等人关于飞行的论述,还研究了李林达尔的经验。

查纽特撰写了《飞行机器的进展》一书,书中收集了有关飞行探索的资料,这本书大大激励了莱特兄弟。1900 年,莱特兄弟写信向查纽特咨询有关飞行问题,从此开始了三人长期密切的交往。

(2)验证

在深入的学习和研究后,他们用气球和风筝对前人的理论进行验证,同时也通过实践获得了很多气流对飞行影响方面的知识。

(3)观察

与大多数飞行爱好者一样，他们长时间地观察鸟类的飞行，并且发现：气流流过鸟弯曲的翅膀时会产生升力；鸟类通过改变翅膀形状可以转弯和机动。

为了深入了解，他们自制了双翼机形式的风筝（见图1-20），研究飞行和控制的规律。

（4）探索

认识到操纵是飞行中最重要和最困难的问题，在制造飞机前，他们制造了滑翔机（见图1-21），进行了近千次滑翔试验，获得了丰富的关于飞行和操纵的知识。

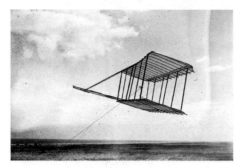

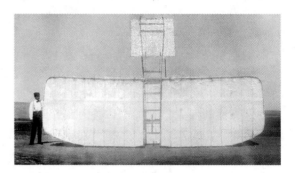

图1-20　莱特兄弟1900年制作的风筝　　　　图1-21　莱特兄弟制作的滑翔机

另外，他们还用木箱和电风扇建造了一个简易风洞（见图1-22），用它试验了200多种（2000多小时）不同的翼型，试验了上下叠置和前后串置布局对升力和阻力的影响，并把试验数据列成表格，作为设计依据。

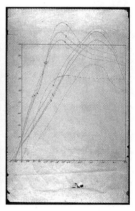

图1-22　莱特兄弟制造的风洞（复制品）和当时记录的数据

他们从试验结果得出结论：凸起的机翼比扁平的机翼升力大；狭长的机翼比短宽的机翼阻力小。直到今天，这仍是空气动力学中的两个最基本的结论。

莱特兄弟的工作，开创了"实验空气动力学"的先河。

（5）循序渐进，逐步扩大规模

在研究方法方面，莱特兄弟也显得很成熟理智。成功飞行前4年，他们先是制作了小尺寸的风筝，采用木料、蒙布和张线等材料，翼展约1.7m。在大风中试飞风筝，以考验他们构想的气动力和结构设计。

风筝试验后，他们获得了信心，于1900年制成翼展约5.2m的载人滑翔机，并进行了多次试飞，一方面考验设计的合理性，另一方面也学习和练习飞行和操作技术。在随后的两年内又制造了第二架和第三架滑翔机。

这些准备工作为他们最终的成功飞行奠定了坚实的基础。

（6）创新与实干

当时并没有足够轻、功率足够大的发动机，所以莱特兄弟就自己设计和制作发动机（见图 1-23）。也没有合适的螺旋桨，因为那时候可供参考的只有船舶推进器，而飞机螺旋桨与之不同，因而他们所用的螺旋桨也是自己制作的。莱特兄弟在设计制作发动机和螺旋桨方面也充分显示出他们的天赋，这为成功飞行提供了有力的支持。

莱特兄弟的第一架动力飞机于 1903 年夏天制成，起名"飞行者"（Flyer）。这是一架双翼机，机身是桁架式的。机翼翼尖可以扭动，机尾装有两片垂直尾翼，水平翼面却装在机头。机上还装有方向舵和操纵机构，但没有起落架，飞机靠木质滑橇在滑轨上起飞。飞机起飞总重（包括驾驶员）约 340kg。

图 1-23　莱特兄弟所用的发动机

1903 年 12 月 14 日，他们进行了第一次试飞。这次试飞没有获得成功，因为起飞时机头拉得过高，飞机失去升力坠落在沙滩上。12 月 17 日早晨，又进行了第二次试飞。这次，奥维尔·莱特驾驶飞机成功地飞行了 12s，他成为世界上第一位驾机实施可控飞行的人，也从此开辟了世界航空新纪元（见图 1-24）。这一天，兄弟俩共进行了 4 次飞行，其中最好的一次持续飞行了 59s，飞行距离达 260m 左右。

从此，人类正式开始天空中的征程。

图 1-24　莱特兄弟的飞机首次起飞

1.1.7　直升机的出现

直升机的概念最早可以追溯到中国古代的竹蜻蜓，竹蜻蜓的结构为一个螺旋桨装在一根垂直轴上，以手转动此轴即可使竹蜻蜓升空，这可能是人类最早的概念直升机。

但是这个概念并没有进一步的发展，到了 15 世纪，达·芬奇在一幅草图中绘出了一种以旋转螺旋面来垂直上升的机械。它以弹簧为动力旋转，当达到一定转速时就会把机体带到空中，驾驶员站在底盘上，拉动钢丝绳，以改变飞行方向（见图 1-25）。有人认为，这是最早的直升机设计图。

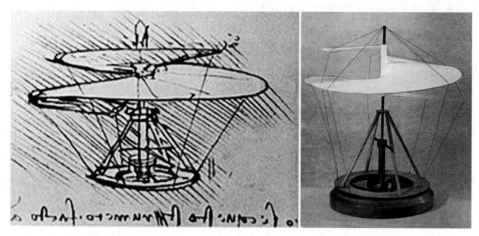

图 1-25　达·芬奇手稿中的草图和后人据此制作的模型

在 18 世纪末期，英国的乔治·凯利制造了一些成功的直升机模型，其中一架飞到 27m 高。

但早期的努力并没有太大的进展，除了制造材料和动力方面的问题之外，缺乏系统的科学知识也是一个重要因素。

到了 20 世纪，随着各方面技术的进步，直升机的研究也渐渐有了令人振奋的成果。1904 年，法国人列纳尔制造出一架横向双主螺旋桨直升机，用一台双缸发动机驱动，同时他用铰链连接旋翼叶片和转轴，以解决叶片根部的力矩问题。1907 年，法国布雷盖（Breguet）兄弟和里歇（Richet）一起制造了一架四旋翼的直升机，命名为"陀螺飞机 1 号"（Gyroplane No.1）（见图 1-26），4 个主旋翼直径为 8.1m，重 578kg，发动机功率 40hp[①]。这是第一架由驾驶员飞行的直升机，但因操控的问题，试飞时由 4 名帮手抓住机身且只做有限度的飞行，离地约 0.6m，停留空中约 1min。

1907 年 11 月，法国的保罗·科尔尼（Paul Cornu）驾驶自制的直升机试飞成功，这是飞行史上第一架真正只由飞行员操作飞行的直升机。保罗·科尔尼的直升机是双旋翼构型，叫"飞行自行车"（flying bicycle）（见图 1-27）。

之后的几十年中有许多探索与尝试，但总体进步并不明显，主要难点在于直升机的操控方面。

到了 1936 年，德国福克 – 沃尔夫公司在对早期直升机进行多方面改进之后，公开展示了自己制造的 FW-61 直升机（见图 1-28），一年后该机创造了多项世界纪录。这是一架双旋翼横列式直升机，机身类似固定翼飞机，两组粗大的金属架分别向左、右上方支起，两副旋翼水平安装在支架顶部。

_____

① 　1hp（马力）≈ 745.7W。

图 1-26 布雷盖－里歇"陀螺飞机 1 号"

图 1-27 保罗·科尔尼的"飞行自行车"

图 1-28 FW-61 直升机

1939 年春，俄裔美国人伊戈尔·西科斯基完成了 VS-300 直升机（见图 1-29）的全部设计工作，同年夏天制造出一架原型机。这是一架单旋翼带尾桨式直升机，旋翼由三片桨叶组成，直径 8.5m，尾部装有尾桨，其机身为钢管焊接结构，由 V 形皮带和齿轮组成传动装置，驾驶员座舱为全开放式。这种单旋翼带尾桨直升机构型是现在最常见的直升机构型。1940 年 5 月 13 日，VS-300 进行了首次自由飞行，当时安装的是 90hp 的富兰克林 4AC-199-E 发动机。

VS-300 被认为是第一架实用直升机。之后，随着许多人的不断努力，直升机已经成为一类在许多方面发挥重要功用的飞行器。

图 1-29　西科斯基驾驶 VS-300 直升机

1.2　军用航空的发展

飞机诞生后不久，就有人认识到飞机在军事上的巨大应用价值，军用航空应运而生。军用航空从无到有、从弱到强、从配角到主角，给战争带来革命性的变化，使战争的舞台从平面走向立体，空中力量逐渐成为军事力量的主要部分。

1.2.1　初上战场

飞机最早参与战争，是在 1911 年的意土战争（见图 1-30）。

图 1-30　意土战争中的飞机

意土战争是意大利为了夺取北非的原土耳其属地的黎波里和昔兰尼加而发生的战争。战争爆发于 1911 年 9 月，持续一年，于第二年 10 月结束。结果是意大利获胜，获得了北非的黎波里及昔兰尼加的领土。

在这场战争中，意大利首次派出空军，将飞机应用于战争。当时意大利出动了 9 架飞机、11 名飞行员组成航空队参战。这些飞机是通过轮船海运到的黎波里海湾的。1911 年

10 月 23 日，航空队的队长皮亚扎上尉驾驶一架"布莱里奥"飞机，在土耳其军队阵地上空进行了一个多小时的侦察，从此揭开了飞机参战的序幕。11 月 1 日，加沃蒂驾驶"鸽"式飞机（见图 1-31）向土军阵地投下了 4 颗各重 2kg 的榴弹，成为历史上首次轰炸。在此之后，意大利军队越来越多地使用飞机进行军事活动，包括对敌军阵地进行轰炸、投撒传单对民众进行劝降和侦察敌军战地等。

通过这次战争，其他国家发现了飞机在战争中拥有的巨大威力，因此各国都开始效仿意大利，组建自己的空军。

图 1-31　"鸽"式飞机

1.2.2　一战期间的航空

一战开始之初，各国都只有少数简陋的飞机，装备部队的大多是一些具有辅助军事用途的非作战飞机，只能完成有限的功能，如近距侦察等。

作战过程中，频繁的侦察任务使得双方经常在空中相遇，飞行员们不满足于只是挥挥拳头，而是尽其所能将各种攻击性武器搬上飞机，拉开了空中作战的序幕。这一阶段飞机上所装备的武器五花八门，完全是凭着飞行员的想象力和喜好，钩子、标枪、步兵用的步枪、机枪等，应有尽有。当然，这样的装备作战效能极其有限。

随着时间的推移，及各国航空兵部队装备、技术战术的发展，机枪取代了早期飞机上那些极富个人色彩的"攻击武器"。但螺旋桨旋转面却成为机枪射击的一个重大障碍。当时的解决措施有两种：一是将机枪装在机翼上方，避开螺旋桨旋转桨面，如法国"纽波特"11 双翼战斗机就在上翼面上安装一挺纵向固定布置的机枪（见图 1-32）；另一种是采用推进式螺旋桨布局，如英国的维克斯 F.B.5（见图 1-33）。但是第一种措施不利于飞行员瞄准射击，第二种则由于布局的固有缺陷而严重影响飞机性能。因此，这些飞机虽然装备了机枪用于空中作战，但还算不上真正的战斗机。

普遍认可的第一种真正的战斗机是法国的"莫拉纳 - 桑尼埃"。这种飞机并不是第一种装备机枪的飞机，但由于法国飞行员罗朗·加罗斯发明的"偏转片系统"——在螺旋桨叶片上加装钢板，将打到上面的弹头偏转出去，使得在机身上安装固定同轴机枪成为可能（见图 1-34），大大简化了飞行员的瞄准和操纵，从而使这种飞机能够成为真正的战斗机。利用这种装置，罗朗·加罗斯在 1915 年 4 月 1 日击落一架德国"信天翁"双座侦察机，并在随后的两个星期内击落了 5 架德国飞机，成为空战史上第一位"王牌飞行员"。

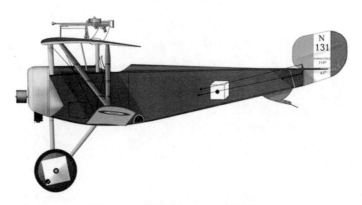

图 1-32 "纽波特" 11 双翼战斗机

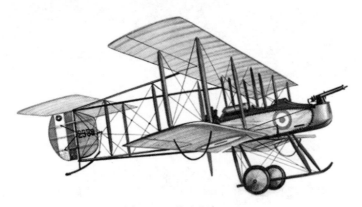

图 1-33 维克斯 F.B.5

图 1-34 "莫拉纳 – 桑尼埃" 飞机和 "偏转片系统"

　　但加罗斯在带给协约国希望之后，又把机会留给了德国人——他在 1915 年 4 月 18 日被地面防空火力击伤，迫降在德军阵地上。德国人在研究了其座机上的 "偏转片系统" 后，发现一个明显缺点：加装偏转片后螺旋桨性能下降，发动机会受到强烈振动，同时偏转的弹头也有可能反弹回来击伤发动机。荷兰人安东尼·福克在此启发下，发明了 "机枪射击协调器"（见图 1-35），大大改善了飞机火力和安全性。装备了射击协调器的福克 E.3 战斗机战斗力极强，给协约国军队造成了重大损失，历史上称为 "福克灾难"。军用航空史上新的一页开始了。

　　1917 年夏，协约国通过更新装备，采用更加灵活的战术，又重新夺回了空战主动权。在一战中，规模最大的空战发生在圣米耶尔战役中，仅协约国就投入了 96 个飞行中队、1481 架各型飞机。

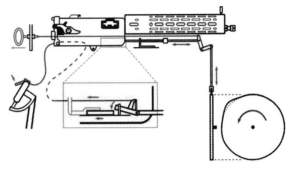

图 1-35 福克 E.3 战斗机和射击协调器示意图

随着飞机性能的提高，它的使用领域也在拓展。随着战况日趋激烈，各国军方已经不满足于将军用飞机仅仅用于执行战术任务，军方迫切需要一种能够在夺取了制空权后，对敌纵深目标实施重大打击，削弱敌战争潜力的空中兵器。轰炸机应运而生。

1915 年，在俄罗斯波罗的海铁路工厂诞生了一架四发大型双翼飞机，这就是著名的"伊利亚·穆罗梅茨"（Ilya Muromets）（见图 1-36），由西科斯基设计。该机采用液冷发动机，功率 150hp，最大速度 121km/h，载弹量 522kg。

图 1-36 西科斯基设计的"伊利亚·穆罗梅茨"轰炸机

以今天的目光看，该机确实相当简陋，但相对于当时的战斗机而言，该机却具有载弹量大、续航时间长的优势，初步满足了军方的要求。该机的首次实战应用，就是用于攻击同盟国后方目标。之后，各个航空大国群起响应，意大利的卡普罗尼、英国的汉德利·佩奇、德国的 A.E.G "哥达"和弗雷德里希沙芬等大型轰炸机相继出现，并很快用于对敌对国后方目标的攻击，以削弱对方战争潜力。

当时的轰炸有两种思路：一是攻击重要城市，二是攻击军事工业和交通运输设施。德国倾向于前一种，英国则青睐于后一种。英法联军在 1918 年共出动轰炸机 15731 架次，投弹 14208 枚，对德国的战争能力造成一定程度的破坏。德国也利用"哥达""巨人"等重型轰炸机对英国本土进行轰炸，给英国造成空前的人员伤亡和财产损失，并导致民众极大的心理恐慌。

到一战结束之时，轰炸机已经发展成为一个庞大而成熟的机种，性能明显提高。1918年的轰炸机已经开始有了轻型和重型的分类，发动机通常为 2 ~ 4 台直列式液冷发动机，载弹量 500 ~ 3000kg，速度 120 ~ 190km/h，升限 3000m 以上。

1.2.3　第二次世界大战时期的航空

一战结束后，世界有了长达 20 多年的相对和平时期，航空科技有了进一步的发展。在军事方面，一战和其后的几次局部战争的经验，为空中力量建设提供了基础，各国普遍重视空中作战理论的研究。

第二次世界大战（简称二战）爆发前，在空中力量建设方面，德、意、日等轴心国与英、法、美、苏等同盟国形成明显反差。轴心国在战前进行了长时间的精心准备，而同盟国却是在临战前或是战争中才对空中力量建设予以重视。

一战结束后，根据《凡尔赛条约》的规定，德国的航空部队被解散，德国便以各种名义进行航空活动，尤其重视航空新技术的研究和航空人才的培养。希特勒上台后，于 1935 年成立空军，随后加快备战速度，到二战爆发前，德国拥有航空兵 80 余万人，仅作战飞机就有 4200 多架，无论是技术装备还是人员素质和军事理论，都是世界一流的。意大利也极为重视发展空中力量，二战初期其空军飞机总量达 4932 架，其中作战飞机 2000架。日本在"珍珠港"事件之前，其陆军装备飞机 1512 架，海军拥有 10 艘航空母舰，装备 3000 架飞机。

同轴心国相比，法国、英国和美国在战争之前的空中力量发展方面存在着巨大的差距，这也是战争初期陷入被动的主要原因。一战时期头号航空大国法国，战后急剧压缩航空部队和航空工业，致使 1939 年法国的作战飞机不足千架，不及德国的 1/4。英国是世界上航空技术最发达的国家之一，但也有一段时间忽视空中力量建设，虽然在战前大幅度扩充空中力量，但依然不及德国的一半。而美国一直奉行"海权"战略，多少有些蔑视空中力量的作用。直至二战爆发后，它们才依靠强大的科技实力和经济实力后来居上。苏联与上述三个国家不同，尽管其科技实力和经济实力不占优势，但特别重视航空工业和航空培训机构的建设，正是依靠这个基础，同盟国在战争初期遭受重创的情况下，能够迅速恢复元气。

1939 年 9 月 1 日，纳粹德国对波兰发动"闪电战"，9 月 27 日，波兰首都华沙沦陷。1940 年 5 月 10 日凌晨，德军调集 3500 多架飞机对法国发起突然空袭，绝大多数法军飞机被摧毁于机场，战场制空权迅速被德国获取。6 月 14 日，德军占领了巴黎。

1941 年 6 月 22 日凌晨，德国开始"闪击"苏联。作战第一天，德国出动飞机 1945架，当日摧毁苏联飞机 1811 架。到了 7 月 11 日，苏联共有 6293 架飞机被摧毁，德军夺得战场制空权。

这些事例，充分说明了空中力量在战争中的作用。

战争从来都是科技发展的催化剂。短短数年间，航空发动机功率迅速提高，涡轮增压技术逐步成熟，结构上完全取消撑杆结构，起落架普遍成为可收放式，座舱密封增压技术开始得到应用……一系列技术进步使战斗机飞得越来越快、越来越高。到二战末期，活塞式战斗机的最大速度可以达到750km/h，升限超过10km。这一时期涌现出一大批经典名机，如Bf.109、Fw-190、"喷火"、P-40、雅克-3、拉-5、零式等战机（见图1-37~图1-41），都堪称航空史上的杰作。

图1-37 英国"喷火"——自始至终参战的飞机

图1-38 二战中德国的主力战机——梅塞施密特Bf.109E-1

图1-39 二战开头两年美国的主力战机P-40

图1-40 苏联拉-5战机

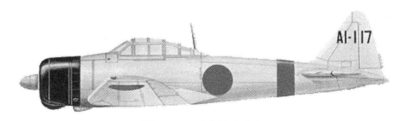

图1-41 日本零式战机

1.2.4 战后的军用航空

二战结束后，世界进入长达四十多年的冷战时期。在这个时期，以美、苏为首的两大阵营军事对峙，航空技术和航空装备快速发展，空中力量在局部战争中得到了广泛的应用，空中力量建设被置于世界各国军事建设的重要位置。

在这段时间里，空中力量的装备和构成发生了重大的变化，主要体现在以下几个方面：

- 喷气发动机的实用化，极大地提升了飞机的速度和机动性，使作战能力大幅提升；
- 导弹与其他制导武器成为各国优先发展的机载武器，并逐渐形成精确攻击能力；
- 机载探测系统和火控系统的发展，扩大了目标探测范围，加上远距离空射导弹的应用，使作战飞机具备了超视距攻击能力；
- 预警机的发展，大大提升了作战指挥效率；
- 直升机部队发展成为一个重要的兵种，在战斗中发挥着重要作用；
- 空中加油技术大大拓展了作战范围；
- 无人机和电子战飞机迅速发展，使作战模式更加丰富。

（1）早期喷气式飞机的发展

二战末期已经出现了喷气式飞机，虽未取得显著战果，但其优越的性能和巨大的发展潜力却令人瞩目。

早期的喷气式飞机仍然继承了螺旋桨式飞机的典型特征，如气动外形和发动机布置等。当时单发喷气式飞机的典型构型是短机身长尾撑布局，如德国 Me.P1101 战斗机（见图 1-42），双发飞机则沿用机翼 - 短舱设计，如英国的"流星"战斗机（见图 1-43）。究其原因，一方面是早期喷气发动机的推力太小，无法承受加长进气道和尾喷管所带来的推力损失；另一方面也是出于稳妥的考虑——对于喷气式飞机这种新兴事物，沿用已有布局相对而言风险小一些。

图 1-42　德国 Me.P1101 战斗机（单发）

二战结束后，最早出现的一批喷气式飞机大多是在德、英两国早期喷气发动机研究成果基础上发展起来的。例如，苏联在 1946—1947 年推出的雅克 -15/17/23、米格 -9 等喷气式飞机，装备的是缴获或引进的发动机。这些飞机性能并不出色，主要用来进行技术研究。即使有少量生产，也很快被淘汰了。

图 1-43 英国"流星"战斗机（双发）

1947 年以后出现的喷气式飞机，则基本上摆脱了早期的试验特色，具备了现代喷气式飞机的基本特征，其性能也有了质的提高。

这期间出现的喷气式飞机中不乏经典之作，如苏联的米格 -15 和美国的 F-86（见图 1-44）。某种意义上说，这两种战斗机都具有同样的德国"血统"。这两种飞机的气动外形非常相似：都是机头进气，正常式布局，中等后掠翼——德国人精心研究的后掠翼技术，终于在异国他乡开花结果——米格 -15 强调速度，采用 40° 后掠翼，F-86 更注重盘旋和续航能力，采用 35° 后掠翼。

图 1-44 米格 -15 和 F-86

而曾经是航空领头羊的英国，在二战后由于工党政府大幅削减军事订货，导致其航空工业在喷气式飞机发展最重要的萌芽阶段停滞不前，迅速滑落至二流航空国家的境地。

法国在二战期间迅速沦亡，其航空工业几乎完全停滞。但在战后，法国航空工业却快速复苏崛起。1949 年，法国第一种喷气式战斗机——达索公司的 MD450"暴风雨"（见图 1-45）研制成功。这是一种平直翼战斗机，客观地说，其性能不足以与米格 -15 这类杰作匹敌（它后来多用作战斗轰炸机），但它确实是法国现代航空工业的奠基石。

图 1-45　法国达索公司的 MD450 "暴风雨" 战斗机

这期间，原本名不见经传的瑞典航空工业开始崭露头角。1948 年，萨伯飞机公司推出了 J-29 战斗机（见图 1-46）。这种飞机在研制过程中借鉴了德国技术成果，气动外形有些类似 Ta-183，采用了后掠翼，性能直追当时的一流战机。接下来，萨伯公司又研制出萨伯 32 全天候战斗攻击机，该机服役到 1996 年才全部退役。此后的萨伯公司一直在世界航空界占据一席之地，其产品也总是具有浓厚的萨伯风格。

图 1-46　瑞典萨伯 J-29 战斗机

1950 年，朝鲜战争爆发。朝鲜的天空顿时成了新一代航空兵器的试验场。朝鲜战争初期，占据绝对空中优势的美国空军仍然使用螺旋桨式战斗机作为主力。但随着装备米格 -15 的中苏联合部队参战，美军也迅速换装喷气式战斗机。喷气式战斗机之间的首次大规模空中战役由此拉开帷幕。有关朝鲜空战的评价，各方说法不一，但有一点可以确定——朝鲜空战改变了人们对未来空战模式的看法，也改变了此后军机的发展历程。螺旋桨式飞机时代的大机群编队被证明并不适用于喷气式战斗机，并很快被多层配置的小机群编队取代，二战期间数百架飞机编队出击的场面不复重现。预想中的未来空战动作"平直化"，战斗机的高空高速和重型化趋势日益明显。

（2）20 世纪 50—60 年代的军机发展——更快、更高、更强

核战争理论的确立，加上朝鲜空战的经验教训，使得战斗机的高空高速能力受到高度重视。从第一代超声速战斗机到第二代，"高空高速"成了这一时期战斗机的主题。另一方面，由于强调核武器投射能力和防空截击能力，战斗机重型化趋势日益明显。两方面因素迭加，使得战斗机传统的机动性能受到严重影响。

从这一时期开始，美国军用航空业领先群雄的趋势日益明显。其最突出的表现莫过于著名的"百系列"战斗机，体现了当时航空科技的最高水平和设计思想。而在冲击高超声速的竞赛中，尽管美国 XF-103、XF-108 计划接连受挫，但这一梦想最终在洛克希德"臭鼬工厂"得以实现，即绝密的 A-11 计划。这种马赫数 3 级别的高速飞机后来发展出截击型 YF-12（后下马）和战略侦察型 SR-71（见图 1-47）。此后 30 年间，SR-71 成为唯一一种超过 3 倍声速的喷气动力飞机。

图 1-47　美国 SR-71 高空高速侦察机

苏联方面，限于国力，选择了"跟踪"策略，在发展军机方面并不追求先行，而是针对美国的主力型号开展研制，产品具有更强的针对性，在某些方面具有更好的性能。著名的米高扬设计局和苏霍伊设计局在这一时期脱颖而出。

法国从改进"暴风雨"入手，先后发展出"神秘""超神秘"战斗机，这是法国的第一代超声速战斗机，在其航空史上占有重要地位。接着，研制出历史上最著名的无尾三角翼飞机之一——"幻影"Ⅲ（见图 1-48），这种气动布局后来被"幻影"2000 所继承。

英国在这一时期内则发展迟缓，政府的大幅削减预算使得航空工业元气大伤，加上自身技术瓶颈的限制，20 世纪 60 年代后，昔日的航空大国沦落到要向美国订购的地步。

图 1-48　法国"幻影"Ⅲ战斗机

　　瑞典萨伯飞机公司则以其独特的设计思想，先后推出萨伯 35 全天候截击机和萨伯 37 多用途战斗机（见图 1-49）。其中，萨伯 35 采用无尾双三角翼布局，早期型号最大速度仅 $Ma1.6$，属于第一代超声速战斗机，后期型号则大幅提升到 $Ma2$，成为少有的性能跨越两代的战斗机。萨伯 37 是第一种采用近距耦合鸭式布局的实用战斗机，也是首先将"一机多型"概念引入实践的飞机。该机生产数量不多，但在航空史上有一定的地位。

图 1-49　瑞典萨伯 35 和萨伯 37

　　轰炸机方面，由于核威慑理论的迅速发展，战略轰炸机部队成为空军发展的重中之重。老式的活塞式发动机被全部淘汰，由更先进的涡喷/涡桨发动机取代。早期战略轰炸机的发展方向是载弹量更大、升限更高、航程更远。为了提高性能，美国人首先推出了采用 35° 后掠翼的 B-47，这是世界上第一种实用的喷气轰炸机（波音公司的工程师是基于德国人的研究资料提出后掠翼方案的），在该机基础上发展出了著名的 B-52（见图 1-50）。苏联方面则针对性地推出了图 -95（见图 1-51）和米亚 -4，米亚 -4 采用涡喷发动机，由于性能不佳很快退役。图 -95 则采用涡桨发动机，成为此后数十年苏联/俄罗斯空军战略轰炸机部队主力，并发展出多种不同用途的改型。

图 1–50　美国 B–52 战略轰炸机

图 1–51　苏联 / 俄罗斯图 –95 战略轰炸机

（3）20 世纪 50—60 年代的技术发展

①新颖的气动布局

无尾三角翼布局是在德国研究基础上发展而来的，它具有结构强度高、重量轻、内部容积大、跨声速阻力小和焦点移动小等优点，特别适合高速飞机。不过这一布局的缺点也非常明显：机翼升力系数低，机翼后缘用于布置升降副翼，无法使用襟翼增升，导致起降性能差；大过载机动时在机翼后缘产生较大负升力。

20 世纪 60 年代后期开始出现变后掠翼布局。这种布局的出发点是兼顾高低速性能，低速时为大展弦比平直翼，高速时变为大后掠小展弦比机翼。这种构型一度引起航空界的广泛兴趣。但它的设计难度高和重量大、结构复杂的缺点，在一定程度上抵消了变后掠技术带来的优势。

第一种实用型变后掠翼飞机为美国的 F–111 战斗轰炸机（见图 1–52），其舰载型正是由于结构超重而停止发展，投产的空军型也因过于笨重而不具备当初设想的对空作战能力。

图 1-52　F-111A 机翼变化的多种状态

②飞行控制问题及其解决措施

随着飞机速度迅速提高，飞行控制问题日益突出。首先是横向控制问题。早在二战时期就已经发现由于机翼刚度问题，飞机在高速时副翼反效，控制效率急剧下降。而进入超声速时代后，机翼相对厚度进一步减小，这一问题更加突出。对此，最早是采用加大机翼根梢比的方法，以提高机翼刚度；后来引入扰流片进行横向控制；再后来差动平尾开始出现，利用平尾不同步偏转进行高速横侧控制——这一技术后来被广泛采用。

③多转子发动机和变循环技术

早期涡喷发动机都是单转子发动机，增压比小，发动机热效率低，耗油率高。此外，这种发动机所有压气机以同一转速运转，有时会出现前几级压气机超速运转，而后几级压气机尚未达到最佳转速的情况。

为了解决上述问题，20 世纪 50 年代中后期，双转子发动机开始出现。这种发动机的低压压气机和高压压气机分别由各自的涡轮轴驱动，以不同转速工作，从而获得更高的增压比。美国普惠 J57 发动机是其中的典型代表。

50 年代后期，为了适应 A-11 计划高达 $Ma3$ 的飞行速度，专门研制的 J58 发动机采用了变循环原理，即平时以涡喷发动机方式工作，达到预定速度后开启旁路系统，绕过最后几级压气机和燃烧室、涡轮段，空气直接进入加力燃烧室燃烧，以冲压发动机的循环方式工作。不过这种发动机过于复杂，除了 SR-71 侦察机外，再没有一种实用飞机采用变循环发动机。直到 80—90 年代 ATF（美国先进战斗机计划）选型，配套的通用电气 YF120发动机才又采用了变循环工作方式，但仍因结构复杂、技术风险等诸多原因败给了 F119涡轮风扇发动机。

④先进的传感器和信息显示系统

火控雷达开始由磁控管雷达过渡到行波管雷达。早期磁控管雷达采用低脉冲重复频率

（LPRF），测距精确，但下视能力差。行波管和高速计算机的结合，使得脉冲多普勒雷达得以问世。这种雷达可以通过提取目标的多普勒频移将目标从背景杂波中分离出来，从而具备良好的下视能力。

光电传感器作为获取外界信息的另一手段，于 1960 年投入实用——早在二战期间德军就曾使用过这种系统，但随着纳粹德国投降而销声匿迹。20 年后，F–4B 和 F–102A 战斗机才再度采用了红外传感器。这类传感器属于被动传感器，优点是不会暴露本机位置，但受气象条件影响严重。

随着战术信息的增多以及飞行速度的提高，老式的仪表盘已经远远不能满足要求。美国海军从 1955 年开始研究平视显示器（简称平显），使得飞行员可以在抬头状态下了解所需的飞行、导航、瞄准等相关信息。但第一台实用平显却出自英国人之手。随后，英国"掠夺者"攻击机率先装备平显。到 20 世纪 60 年代末已经出现第二代平显，采用数字式字符发生器，可编程处理，更加准确可靠（见图 1–53）。

图 1–53　F/A–18C 的平显

⑤空空导弹和全面导弹化

早期空空导弹主要是针对轰炸机，当时的轰炸机防御火力已经对只装备航炮的截击机构成严重威胁。不过，随着空空导弹性能的提高，开始逐渐具备攻击战斗机的能力。

空空导弹靶场试验的结果对战斗机的重型化、多用途化趋势起了推波助澜的作用，并直接造成 60 年代"要导弹不要航炮"的现象——当时很多新研制的战斗机都放弃了航炮，只挂装导弹。但这种做法在越南战争期间遭到严重挫败，由于导弹性能、可靠性未臻完善，加上其他方面的因素，使得美国空军战斗机一度被老式米格飞机打得灰头土脸。

如同朝鲜战争一样，越南战争空战的结果再次改变了人们对未来空战的看法，直接导致了第三代超声速战斗机的诞生。

（4）20 世纪 60 年代末以来作战飞机的发展

一系列局部战争的经验表明，典型的第二代超声速战斗机并不能完全适应现代空战模式，单纯追求高空高速性能，在实战中很少能发挥作用。设想中的超视距空战时代尚未到来，近距空战仍然是不可或缺的。

在这样的思想背景下，第三代战斗机的设计目标非常明确，要提升综合作战效能。其典型特征是：最大速度 $Ma2.0 \sim Ma2.5$，开始采用翼身融合技术和涡升力技术；低翼载，高推重比；采用放宽静稳定度设计；装备第三代中/近距空空导弹，内置式固定航炮；全向、全高度、全天候火控系统；多功能多普勒雷达。

美国先后研制出 F-14、F-15、F-16、F/A-18 四种第三代超声速战斗机（见图 1-54），在近年来的几场局部战争中都有很好的表现，以航电设备完善、机动性良好著称。

图 1-54　F-14、F-15、F-16、F/A-18 战斗机

直到 20 世纪 80 年代中期，苏联的第三代战斗机米格-29 和苏-27 才相继服役（见图 1-55）。就气动设计而言，苏联三代机并不亚于美国同期产品。但航电水平始终是苏制战斗机的弱项，这两种 80 年代服役的飞机，其航电只相当于美国 70 年代初的水平，严重限制了它们的作战能力。

图 1-55　俄罗斯飞行表演队的米格-29 和苏-27

西欧各国（英、德、意）在70年代联合研制出"狂风"战斗机，但这实际上是一种多用途战斗轰炸机，性能上与第三代战斗机有较大差距。80年代，为了替换主力制空战斗机，西欧国家再次联合发展，这就是欧洲战斗机（EFA）计划。

20世纪90年代后，由于苏联解体，EFA进度大幅延迟，并降级成为EF2000，后命名为"台风"（见图1-56）。由于研制时期较晚，该机得以采用许多新概念和新技术，作战能力超过典型的第三代战斗机，成为所谓的"三代半"战斗机。

图1-56　"台风"战斗机

1978年，法国的三代机"幻影"2000（见图1-57）问世，采用达索典型的无尾三角翼布局，但运用了放宽静稳定度设计、电传操纵、复合材料等新技术，使得性能大幅提高。但该机的M53发动机性能比美国三代机使用的F100发动机差一个档次，严重制约了"幻影"2000的性能。

图1-57　法国"幻影"2000和"阵风"战斗机

20世纪80年代初，法国也曾参与西欧EFA计划，但因作战要求和研制主导权问题退出，自行发展ACX战斗机，该机后来演变成"阵风"（见图1-57）。这也是一种三代半战斗机，放弃了达索公司传统的无尾三角翼布局，改用近距耦合鸭式布局，以期进一步提高机动性能。不过"阵风"的经历和EF2000差不多，进度严重拖延。

瑞典则研制了萨伯37的后继机JAS.39（见图1-58），该机同样采用欧洲流行的近距耦合鸭式布局。其突出特点是廉价，多用途（只需更换软件和在必要时加挂吊舱，即可执行不同任务）以及良好的维修性。因此尽管该机各项性能在三代机中都不出众，但仍然以其高效费比赢得不少用户。

1991年，美国空军ATF选型竞争落下帷幕，较为传统的YF-22（选装YF119发动机，见图1-59）中选，这标志着第四代超声速战斗机的诞生。这种飞机按照所谓的"4S"概念设计，即超声速巡航、隐身、超机动性、超视距攻击。这一概念后来也成为第四代超声速战斗机的判断标准。

图 1-58　JAS.39 的最新型号："鹰狮" NG

图 1-59　F-22 已正式停产，最终数量 187 架

从性能上说，F-22 的确足以傲视群雄，但其高昂的价格也令美国空军倍感吃力。在这种背景下，联合攻击战斗机（JSF）计划出台。该机最大特点是在设计过程中严格考虑价格因素，开创了军机设计的先河。尽管 JSF 的性能和 F-22 这样的标准第四代战斗机相比有一定差距，但它在设计中引入并完善的一些概念（如操纵性、维修性、低成本等），却足以改变未来飞机的设计方向，这也是 JSF 的真正先进之处。

轰炸机方面，20 世纪 70 年代以后只剩下美苏两国在研制新一代的战略轰炸机。

美国在下马的 B-1A 轰炸机基础上进行了全面改进，强化隐身性能，加强结构，主要以低空高速方式突防，发展出 B-1B 轰炸机。1978 年启动的先进技术轰炸机（ATB）计划，最终发展成新一代隐身轰炸机 B-2，开创了轰炸机的一个新时代。

同期的苏联图 -22M 轰炸机以作战威力强大和准洲际航程，一度成为美苏限制战略武器第二阶段谈判的焦点。而其"多用途轰炸机"计划最终发展出图 –160（见图 1–60），该机隐身性能不佳，仍强调高空高速突防，与同期美国系轰炸机风格迥异。

图 1–60　B–2 和图 –160 轰炸机

攻击机方面，发展呈现明显的螺旋上升趋势。1966 年，美国空军启动 A–X 计划，研制专用攻击机，即后来的 A–10 攻击机。苏联则针对性地推出了苏 –25 攻击机。这两种飞机的共同特点是：装甲厚，火力强，强调低空性能而放弃了对高速性的要求（均为亚声速飞机），专用于近距空中支援。

进入 20 世纪 80 年代，战斗轰炸机再度兴起。由于技术的发展，这一代的战斗轰炸机真正实现了双重用途，最典型的如 F–15E。不过这时的战斗轰炸机重点是纵深遮断，而非近距支援。

随着 F–117A 的出现，攻击机进入了隐身时代——尽管该机被称为"战斗轰炸机"，但由于气动性能不佳，这种飞机实际上就是一种专用的纵深攻击机。20 世纪 90 年代以来，防区外发射武器技术日渐成熟，从而大大强化了作战飞机的对地攻击能力，并提高了其战场生存力。相比之下，厚重装甲对生存力的影响却明显下降。以 A–10 为代表的一代攻击机逐渐过时，JSF 计划已经明显体现出这种趋势。

纵观历史可以看出，军用航空的发展，不但是技术发展的结果，也被作战模式、作战思想的发展所左右，当然也与世界政治经济局势的变化相关联。

1.3　民用航空的发展

民用航空的定义是：使用各类航空器，从事除了国防、警察和海关等国家航空活动以外的所有航空活动。可以看出，这里有几个要点：一是"航空活动"；二是"使用"航空器（界定它与航空制造业的界限）；三是与军用航空等国家航空活动不同。

民用航空可以分为商业航空和通用航空两大类。

商业航空又称航空运输，是指以航空器进行经营性的客货运输的航空活动。它的经营性表明这是一种商业活动，以盈利为目的。它又是运输活动，这种航空活动是交通运输的一个组成部分，与铁路、公路、水路和管道运输共同组成了国家的交通运输系统。

通用航空，是指民用航空中除航空运输外的其余部分。通用航空包括多项内容，范围十分广泛，可以大致分为下列几类。

①工业航空：包括使用航空器进行工矿业有关的各种活动，具体的应用有航空摄影、航空遥感、航空物探、航空吊装、石油航空、航空环境监测等。

②农业航空：包括农、林、牧、渔各行业的航空服务活动，如森林防火、灭火、播撒农药等。

③航空科研和探险活动：包括新技术的验证、新飞机的试飞，以及利用航空器进行的气象天文观测和探险活动等。

④飞行训练：除培养空军驾驶员外培养各类飞行人员的学校和俱乐部的飞行活动。

⑤航空体育运动：用各类航空器开展的体育活动，如跳伞、滑翔、热气球及航空模型运动。

⑥公务航空：大型企业和政府高级行政人员用单位自备的航空器进行公务活动。跨国公司的出现和企业规模的扩大，使企业自备的公务飞机越来越多，公务航空就成为通用航空中一个独立的部分。

⑦私人航空：私人拥有航空器进行的航空活动。

1.3.1 世界上第一个定期航班

在一战之前，欧洲已经进行了一些民用航空的飞行试验。例如，1910年8月，英国进行了航空邮递运输的试验；1911年2月，法国也进行了航空邮递试验；1911年9月，意大利进行了航空邮递试验；1911年7月，英国飞行员进行了第一次航空货运飞行。

1914年1月1日，美国佛罗里达州的坦帕与圣彼得斯堡之间开辟了世界上第一个定期航班，使用"贝诺伊斯特"水上飞机（见图1-61）。这架飞机只能载两个人，速度为112km/h，航线全长20mile①，单程票价5美元。但这条航线只维持了3个月，总共运送了1204名乘客。

随着一战的爆发，航空技术力量忙于应付战争需求，民用航空渐渐淡出人们的视线。

图1-61 "贝诺伊斯特"水上飞机

---

① 1mile（英里）≈1609m。

1.3.2　早期的民用航空

一战之后，民用飞机（简称民机）发展出现一个高潮，原因有几方面：一是经过战争的洗礼和促进，飞机的性能趋于成熟；二是战争结束，大量飞机闲置；三是大量的飞行员和航空从业人员急需谋取出路；另外，随着经济的恢复，航空需求大大增加。这些都促使民用航空进入一个迅速发展的时代。

1919 年，巴黎和会缔结《巴黎公约》（《巴黎空中航行管理公约》），这是第一个国际航空法典，它引入了《航海法》的部分条文。同时设立了"空中航行委员会"——国际民航组织的前身。

1919 年 2 月 5 日，德国德意志航空公司开辟了柏林至魏玛之间每日定期客运航线，使用的是单发双翼飞机。柏林至魏玛飞行距离 192km，飞行时间为 2h18min。尔后，德国又开通了柏林至法兰克福航线。在 1919 年，德国共开辟了 9 条航线，运送旅客 1574 人次。

1919 年 3 月 22 日，法国的法尔芒航空公司开辟了从巴黎到布鲁塞尔之间的定期航班，这是世界上第一条国际民航客运航线，一天往返两次，运送一名乘客或约 450kg 的货物，票价为 5 美元。这在当时是相当昂贵的费用，而且乘客和驾驶员并排坐在敞开式的座舱内，起飞和着水时，水珠溅满全身。尽管如此，人们的热情却丝毫未减，连日满员，盛况空前。

1919 年 8 月 25 日，英国飞机运输旅游公司开辟了定期国际商务空运每日航班，空运航线是伦敦至巴黎，从现在的希思罗附近的亨斯洛机场到法国布尔歇机场，飞机起飞的时间定为 12 时 30 分。直到二战前，英国空运公司一直将这一时间作为这条航线的标准起飞时间。

1920 年，中国开通了北京—天津航线。

美国最早开通的是邮政航空。1918 年 5 月 15 日，一战还未结束，美国陆航的飞行员就开始在华盛顿特区、费城和纽约之间驾驶 JN-4H 空运邮件，这是世界上第一条定期空中邮政航线（最早的邮件空运发生在 1911 年的印度）。到 8 月 12 日，当时的美国邮政部接管了邮件空运业务，起初使用的是德·哈维兰 DH-4 双翼机，但事故频发，被称为"飞行棺材"，后来才改用安全性更高的 DH-4B 飞机。此后，空邮航线不断扩展，相关装备和设施逐渐完善，加快了各地信息的交流。

到 1926 年底，美国至少有 11 条邮政航线，却只有少量客运业务。进入 30 年代以后，民航业务才有了大的发展。

1.3.3　早期著名民航飞机

19 世纪 20 年代初，欧洲的民用航空处于领先地位，如荷兰的福克公司，曾经创造了许多远程纪录。

1922 年，福克 F.IV 飞机（见图 1-62）成功地进行了第一次横跨美洲大陆的不着陆飞行，这架飞机如今陈列在美国国家航空航天博物馆。

20 世纪 20—30 年代，福克的运输机在欧洲被广泛使用。1932 年，福克制造的 F.XVIII 飞机（见图 1-63）用于荷兰至印度尼西亚航线，创造了飞行时间 73h34min 的纪录。

图 1-62　福克 F.IV 飞机

图 1-63　福克 F.XVIII 飞机

福克 F.VIIb-3m 飞机（见图 1-64）是应荷兰航空公司的要求研制的，在一台发动机停车的情况下依然能够承载 10 名乘客。福克 F.VIIb-3m 飞机进行了许多飞行探险，许多著名飞行员驾驶该型飞机进行了创纪录飞行，美国著名探险家伯德 1926 年的北极探险和 1929 年的南极探险使用的就是这款机型。

1927—1933 年是福克公司最为辉煌的时期。当时，泛美、美利坚、东方及西北几家举足轻重的航空公司主要使用福克飞机。在鼎盛时期，有 29 个国家的 89 家航空公司运营着福克飞机，福克公司一时风光无限。

然而，当飞机结构全金属时代来临时，福克公司没有及时跟上世界航空技术的发展潮流，而是一直固守着钢管焊接机身和木质机翼的结构工艺。

1933 年 2 月 8 日，波音公司研制的全金属双发单翼客机波音 247（见图 1-65）首飞成功，开创了现代民航客机的先河。这是公认的第一种现代民航客机，该型飞机融入了众多现代化商业航空飞机特色，包括可收放起落架等。

图 1-64　福克 F.VIIb-3m 飞机

图 1-65　波音 247 客机

波音 247 相比同时代的其他飞机有显著优势，也被广泛接受。不过它也有弱点，这主要源于它保守地采用了较低翼载，其原因一方面在于没有襟翼，另一方面也由于它的功率相对于重量来说比较低。因此，波音 247 基本设计的潜力并没有完全被发掘出来。

波音 307 客机（见图 1-66）是世界上第一种完全使用加压客舱且投入使用的客运飞机，于 1938 年 12 月 31 日首飞。它是以 B-17 军用轰炸机为基础而建造，称为"平流层客机"，是首架设增压舱的商用飞机，能够于 20000ft[①] 高空巡航，号称"飞在坏天气之上"。

图 1-66　波音 307 客机

①　1ft（英尺）≈ 0.3048m。

波音 307 有 5 名机组人员，可以搭载 33 名乘客，并且还有一个接近 12ft 宽的卧铺舱。它也是首架安排飞行工程师随航负责技术性工作的客机，好让驾驶员专心飞行。

20 世纪 30 年代，道格拉斯推出 DC-1、DC-2 和 DC-3 飞机。

DC-1（见图 1-67）是在与波音 247 的竞争中诞生的。当时美国环球航空公司（TWA）也对跨洋运输很感兴趣，在寻找替代老旧机型的新飞机，波音 247 具有很强的吸引力。但波音的订单已经排满了，无法提供。于是 TWA 发布了设计要求，公开招标。

图 1-67　道格拉斯 DC-1

1932 年 9 月 20 日，道格拉斯赢得了合同。道格拉斯的提案为双发飞机，布局与波音 247 有些类似，但采用了一些新的特征，如 NACA 发动机整流罩和襟翼等。

DC-1 的初始设计并没有采用变距螺旋桨，它是在 1933 年 7 月首飞的时候加上的——飞机的结构重量比预估重了 30%，因此必须采用变距桨和大功率发动机。DC-1 的翼载比波音 247 更高，但这并不是为了提高效率而有意为之，而更像是碰巧。因此 DC-1 方案中采用了襟翼，同时提升了飞机性能。DC-1 的气动效率稍高于波音 247，主要是由于它的发动机整流罩设计更合理。

DC-1 的一个突出特点是它的机翼略有后掠，这是为了调节飞机气动中心和重心的相对位置。原始设计中并没有后掠，但随着设计的进展，发现重心过于靠后，因此将机翼后掠以调节气动中心。DC-1 的机翼根部翼型为 NACA 2215，翼尖翼型为 NACA 2209，这在当时算是薄翼型，采用多室结构形式以保证机翼结构强度。另外，这也使得中央翼盒段可以穿入客舱地板下方。

DC-1 首飞之后，显示出具备明显的可改进余地。甚至在它首飞之前，莱特公司已经制造出更强劲的 R-1820-F3 发动机。有了新的发动机，再加上 TWA 急需的 26 架订单（后来增至 41 架），促生了 DC-1 的改进型，即 DC-2 的诞生。

DC-2（见图 1-68）的设计基本与 DC-1 类似，机身加长了 2ft。增加了客舱座椅，可以搭载 14 名乘客。与波音 247 相比，DC-2 不仅客舱宽度加宽了 6in[①]，高度增加了 3in，而且因为机翼大梁从客舱地板下面穿过，客舱内部完全没有阻碍。

---

　①　1in（英寸）≈ 25.4mm。

图 1-68　正在组装的 DC-2

　　DC-2 一出现就显露出明显的优势，美国航空和其他 5 家航空运营商纷纷订购。到了 1934 年底，道格拉斯每月要生产 10 架 DC-2。直到 1936 年被更大的 DC-3 替代，DC-2 一共生产了 220 架。据说 DC-1 和 DC-2 的研制费用只有 30 万美元左右，每架飞机的售价是 6.5 万美元，其盈亏平衡点大致在售出 75 架的位置。不过，虽然今天看起来 DC-2 很便宜，但在当时它还算是很贵的飞机，之前主流的福克和福特飞机售价在 3.5 万～5 万美元。

　　与波音 247 相比，DC 系列飞机在气动设计方面最重要的创举是采用了襟翼。当时装备的是简单开缝襟翼，使用襟翼可以降低着陆速度，增大着陆下滑角。相比而言，之前的设计由于强调外形流线化，使飞机着陆时下滑角很小，驾驶员操纵困难。DC-2 的失速速度（放襟翼状态）为 60mph[①]，与波音 247 相当，但是翼载却高出 15%。较高的翼载显然对提升性能和经济性起到了重要的作用。尽管襟翼不是新发明，但使用襟翼确实是 DC-2 成功的关键之一。

　　DC-3（见图 1-69）是 20 世纪 30 年代航空业激烈竞争的产物。TWA 已拥有当时世界上最好的客机 DC-2，这使得美国航空和联合航空处于竞争劣势，但后者又不想使用与 TWA

图 1-69　道格拉斯 DC-3

①　1mph=1mile（英里）/h ≈ 1.609km/h。

相同的飞机。美国航空希望能够获得一种提供卧铺服务的飞机。道格拉斯卧铺机（DST）于 1935 年中期开始研制，同年 12 月 20 日原型机首飞，它后来成为 DC-3。

DST 将机身截面由方形改为椭圆形，客舱宽度和长度都有所增加，可以容纳 21 名日间乘客，过道宽 19in，一边有两列座椅，另一边一列。即使以这样的 2+1 布局，乘客空间还是比 DC-2 的大。增宽机身的另一个好处是宽机身更符合流线型，虽然容积增大了50%，但阻力只增加了一点点。这不仅在当时没有竞争机型，更重要的是创立了新的业界标准。

与竞争对手波音 247D 相比，DST 的载客能力提升了 110%，座千米成本也降低了 25%，使它成为经济性最好的客机。即使与 DC-2 相比，DC-3 通常能多载 50% 的乘客，但每千米费用只增加了 10%～12%。

20 世纪 30 年代还有一股建造大型水上飞机的热潮，著名的有德国多尼尔的 Do-X 和美国波音的"飞剪"。

德国 Do-X "飞船"（flying boat）（见图 1-70）是二战时期著名的飞机设计师——克劳德·多尼尔（Claude Dornier，德国飞机设计师）设计的 12 发重型多用途水上飞船/飞机。1929 年 7 月 12 日首次试飞，在试飞时就创造了当时载客量的世界纪录，以后的日子里更是创造了多项飞行纪录。

图 1-70　德国多尼尔 Do-X "飞船"

Do-X 翼展 48m，机长 40.1m，机高 10.1m，可以载客 66 人。机身顶部装备 12 台发动机，每台输出功率 525hp，最大速度 210km/h，航程可达 2300km。

美国幅员辽阔，两面临洋，因此也热衷于水上飞机的发展。1936 年，波音公司与泛美航空公司签订了 6 架远程水上旅客机的合同。1938 年 6 月 7 日，波音 314 "飞剪"（见图 1-71）首次试飞。该机采用 4 台发动机，布局与 Do-X 类似，也是典型的双翼水上飞机，下机翼兼作浮筒，但双翼间的支撑杆完全取消。"飞剪"翼展为 46.36m，机长 32.3m，机高 6.22m；最大速度 340km/h，航程可达 5896km；最大载客量为短途白天 74 人，长途卧铺 40 人。可以看出，虽然比 Do-X 尺寸小，但它的载客量和性能都更高。

图 1-71　波音 314 "飞剪"

1.3.4　二战之后的民用航空

二战期间，民用航空暂时陷入停顿。二战结束后，世界各主要工业国家都将恢复经济、重建家园作为首要任务，国民经济的发展对航空运输、航空作业的需求急剧增加，形成了庞大的民用航空市场。同时，随着科学技术的发展，航空相关技术更加成熟，为航空发展提供了新的物质和技术支持。另外，战争中扩充的军用航空工业产能严重过剩，也需要在民用市场寻求新的发展。以上种种因素综合在一起，使世界民航业进入了一个恢复和大发展的时期。

1950 年，英国维克斯公司推出 "子爵" 号客机（见图 1-72），这是世界上第一种涡轮螺旋桨（简称涡桨）式客机。1952 年投入使用，1953 年 4 月英国欧洲航线公司用最初生产型 "子爵" 701 开辟了世界上第一条正规的涡桨客机航线。

图 1-72　英国 "子爵" 号涡桨客机

但由于 "子爵" 号还是依靠螺旋桨推进，其飞行速度相对于活塞式飞机差异不太大，并没有体现出喷气式飞机的优势。

英国德·哈维兰公司的 "彗星" 号（见图 1-73）是世界上第一种喷气式客机。该机于 1946 年开始设计，1949 年 7 月原型机首次试飞，1952 年 5 月正式投入航线运营。

图 1-73 英国"彗星"号喷气式客机

"彗星"号最引人注目的特点有两个：一是速度快，可达 788km/h，这是当时任何客机无法相比的；二是采用密封式座舱，可在更高处飞行，平稳性和舒适性也是前所未有的。由于这些特点，一时间各大航空公司纷纷订购"彗星"号飞机。于是"彗星"号又进行了改进，增大了乘客数量和航程。

但是，在 1952 年和 1953 年"彗星"号接连发生了三次飞行事故。后来调查研究显示，是飞行中的交变载荷引发了结构疲劳，从而开始了航空界对疲劳问题的重视和研究，为后来飞机研制解决疲劳问题打下了基础。"彗星"号虽遭失败，但已充分显示出喷气式客机的优越性。

苏联的航空工业历来以军工为主，图波列夫设计局以图 -16 轰炸机为基础设计制造了图 -104 喷气式客机，该机于 1956 年 9 月投入航线使用。

法国的第一架喷气式客机"快帆"于 1955 年首飞，1959 年 5 月投入航班飞行。该机采用发动机后置的尾吊布局。在规划时，"快帆"技术上还是很先进的，但最终投入运营的时间过晚，以致在技术迅猛发展的形势下很快变得落伍，最终没有达到预期的销售目标。尽管如此，作为承上启下的一款飞机，"快帆"在法国航空工业的历史上有着独特的地位。

1958 年 10 月，波音 707 客机正式投入使用，开启了民航发展的新时代。

1.3.5 民用航空大发展

民航喷气式客机的发展也可以分成几代，不过民航机的发展不像战斗机那样阶段分明，各代之间会有些交叠或模糊。以下简单介绍几代喷气式客机的特点，可作参考。

第一代喷气式客机是 20 世纪 50 年代投入使用的，机型有英国的"彗星"号、法国的"快帆"、美国的波音 707、道格拉斯公司的 DC-8，以及苏联图波列夫设计局研制的图 -104 等。这一代飞机的主要特征是采用涡轮喷气发动机、后掠翼，与活塞式客机相比大大提高了巡航速度和客运量，使民航运营效率大为提高。

从气动设计上看，这一代飞机采用了大展弦比后掠翼，层流平顶翼型，机翼前后缘往往带有大面积襟翼。发动机一般都安装在机身外。为降低发动机与机翼之间气流的干扰，发动机的安装位置十分重要。波音 707 和 DC-8 采用了后来成为大型客机标准模式的翼吊发动机短舱形式。

由于广泛采用涡轮喷气发动机，第一代喷气式客机耗油率高，噪声大，其巡航速度较高，机翼升阻比特性较好。通常我们将波音 707、DC-8 等看作是第一代喷气式客机的代表。但由于这些型号也在不断改进，新技术不断得到运用，它们后来的改进型已具有了第二代喷气式客机的基本特征。

第二代喷气式客机于 20 世纪 60 年代投入使用，代表机型包括美国的波音 727、波音 737 和道格拉斯 DC-9（MD-80 系列），英国德·哈维兰公司的"三叉戟"和苏联的图 -154 等。主要技术特点是采用新的翼型和低涵道比涡轮风扇发动机，降低了耗油率，提高了经济性。在气动设计上基本确立了悬臂式下单翼布局，注重低阻力亚声速翼型的研究和使用；注重各部件气动干扰，襟翼等增升装置多采用多段式开缝翼，同时为了整机减重开始大量使用复合材料。

第三代喷气式客机于 20 世纪 70 年代投入使用，代表机型包括美国的波音 747、道格拉斯 DC-10、洛克希德公司 L-1011、欧洲空中客车公司的 A300，苏联的伊尔 -86 等。第三代喷气式客机是针对世界客运量的飞速增长而研制的宽体客机。其机身直径可达 5.5 ~ 6.6m，是第二代以前所谓窄体客机的 1.5 倍；起飞重量最大可达 300t 以上，载客量远程可达 400 人以上，近程则超过 600 人。

第三代客机在技术上也有较大改善。动力装置开始采用推力更大、耗油率更低的高涵道比涡扇发动机，噪声和振动水平则大大下降。乘客的舒适性和航空公司的收益因此大大改善。在气动设计上，宽体客机也体现了最新的科研成果，突出采用了新翼型，巡航升阻比提高，同时耗油率下降。此外，机翼普遍采用中等后掠角的大面积机翼，为适应起飞和着陆的要求，各种襟翼装置也进行了精心设计和安排。

第四代喷气式客机研制始于 20 世纪 70 年代，80 年代投入使用。当时国际上出现了石油危机，因而这一代飞机特别强调降低运营成本，提高经济性。主要机型有：波音 757、波音 767、欧洲的 A310 和 A320 以及苏联的图 -204 等。这一代客机的载客量一般是 200 人左右，主要用于中短程航线。研制时大量利用了以往机型的成果甚至大部件。

第四代喷气式客机属于半宽体客机，强调的是进一步改善经济性。在发动机上采用了更先进的高涵道比涡扇发动机，耗油率又有降低。由于发动机性能的提高，发动机安装台数普遍改为两台，不像过去的几代采用三台或四台。在气动设计上，除了精心设计机翼形状、襟翼装置外，普遍采用了新的超临界翼型。另外，安装翼梢小翼也成了新型第四代客机的特点。同时，随着技术的进步，采用了先进的电子系统，包括电传操纵系统，改善了驾驶特性。

第五代喷气式客机于 20 世纪 90 年代投入使用，主要型号有美国波音 777、麦道 MD-11、欧洲 A330 和 A340 以及俄罗斯的伊尔 -96 等。这一代飞机在设计上除增加载客量、提高适应性外，继续探索降低油耗，提高经济性。采用的技术措施有：装备涵道比更高的涡扇发动机，提升了推力，改善了维修性，同时降低了油耗、污染和噪声；加大复合材料的用量；进一步增大展弦比或加装翼梢小翼提高气动效率，采用超临界翼型或高效亚声速翼型。

波音 777 是第五代客机中的代表机型，它于 1994 年 6 月 12 日进行首次试飞，目前市场销路很好，包括中国在内许多国家都购买了该型飞机。A330、A340 是欧洲空中客车公司研制的第五代干线运输机，于 1992 年 11 月 2 日首飞，1993 年 10 月开始交付使用。

与战斗机的更新换代不同，新一代喷气式客机是弥补前一代的不足，而不是完全取代它。因此，目前除了第一代喷气式客机之外，第二代、第三代、第四代和第五代同时都在使用，各自在远近、繁忙程度不同的航线上发挥着作用。

1.3.6　最新一代航线客机

代表波音公司最新技术的是称为"梦想飞机"（dreamliner）的波音 787（见图 1-74）。

波音 787 定名之前称为"7E7"，其中的字母"E"可解释为效率（efficiency）、经济性（economics）或环保（environmentally friendly）、超凡的乘坐舒适性和便利性（extraordinary comfort and convenience）以及电子化系统（e-enabled）等。波音公司认为，波音 7E7 将为航空公司降低运营成本，创造更多利润，同时为乘客提供更舒适的客舱环境，以及更多的不经停直飞航线。这些代表着新一代客机的发展趋势和研制重点。

图 1-74　波音 787

波音 787 机翼仍采用超临界翼型，在气动设计方面专门优化了机头形状，采用鲨鱼鳍式翼尖和尾翼，估计气动效率可提升 5%。飞行中机载计算机可根据飞行高度、速度以及载荷情况，控制飞机后缘襟翼来获得最佳形状，从而减小阻力、提高气动效率，还可以缓解机翼载荷，减小机翼结构重量。波音 787 还装备了垂直阵风抑制系统，能感知湍流并控制机翼操纵面应对湍流，大幅提高飞行的平稳性。

机体结构方面，大量使用复合材料，重量占比超过 50%。

A380（见图 1-75）是空中客车公司于 1996 年开始研制的超大型远程宽体客机，4 台发动机、555 座级、航程 15200km，有"空中巨无霸"之称，目的是与波音 747 争夺市场。与波音 747-400 相比，A380 多提供了约 35% 的座位和 49% 的地板空间，可以拥有更宽的座椅、更开阔的空间。

大座级运营能力能够大幅降低均摊运营成本，A380 的座·英里成本比当时最有效的飞机低 15% ～ 20%。

图 1-75 空客 A380

虽然就技术而言，A380 可以算是一个杰作，但作为商业产品，A380 却是一个失败的案例——市场响应很冷淡，不足以维持运营。A380 的失败有多方面的原因：一方面项目本身多次延期交付，让客户失去了耐心，也大大增加了项目成本；另一方面，空客公司对民机市场的预测也有偏差，空客预测市场目前倾向于需要更大的飞机，但实际人们更倾向于可以两点直达的 120 座左右的飞机。另外，2009 年左右的全球经济危机更是雪上加霜，人们对豪华出游的兴趣锐减，也使航空公司对 A380 望而却步。

空客 A350（见图 1-76）双发远程宽体客机最初是为了取代较早期的 A330 和 A340 系列机种，开始的思路是在空客 A330 的基础上进行改进，增加航程和降低运营成本。

图 1-76 空客 A350-900

但面临着波音 787 的竞争，许多客户不满意简单的"修修补补"，认为这样无法与波音 787 抗衡，要求空客公司为业界带来一款全新设计的飞机。在各项批评和压力之下，空客于 2006 年中就 A350 概念做了一次重大探讨，宣布其经重新设计的飞机名为 A350XWB（即 eXtra Wide Body）。

A350 的客舱强调舒适性，其整体尺寸比波音 787 更大，乘客可以拥有更大的座椅宽度和乘坐空间。客舱环境方面也做出不少改进，如客舱压力、湿度空气流动管理和舱内噪声等方面。

1.3.7 未来民机的一些方案

关于未来民机的发展，还存在着不少争论，人们也还在进行着多方面的探索。目前研究比较多的有翼身融合布局、支撑翼布局、盒式翼布局等。

（1）翼身融合布局

翼身融合布局是介于常规布局和飞翼布局之间的一种布局（见图1-77）。理论上来说，飞翼布局最干净，全部外露面积都可以产生升力，因而是最高效的布局；但在实际使用中有很多问题，如乘客布置、内部装载、应急通道、飞行操纵与稳定等，使得这种布局的优势无法发挥。翼身融合布局设计的出发点在于既获得气动上的优势，又兼顾乘客布置等运营中的实际问题。

这种布局被认为是最有潜力的未来布局形式，目前美国、欧洲和我国都在这方面开展了大量的研究。

图1-77　翼身融合布局试验机 X-48C

（2）支撑翼布局

在机翼下方用一根斜杆支撑，可以提高机翼的承载能力，减轻结构重量。在一些早期飞机或低速、低成本的小型飞机上，常可看到这种形式。但高性能飞机极少采用这样的布置，原因是这根"支撑杆"会带来很大的阻力，影响飞行性能。

但是，工程问题都不是简单而绝对的。随着航空领域对经济性和环保性需求越来越高，人们也在寻求各种途径，以期满足这些要求。波音公司在美国国家航空航天局（NASA）的资助下开展了一项超大展弦比布局的研究（见图1-78），所设计方案的展弦比接近20，并采用薄翼型，显著降低飞行阻力，由于采用支撑翼布局，结构重量和强度刚度特性都在可接受的范围内。相对于所获得的收益，支撑杆带来的阻力只是一小部分，总体性能还是提升的。

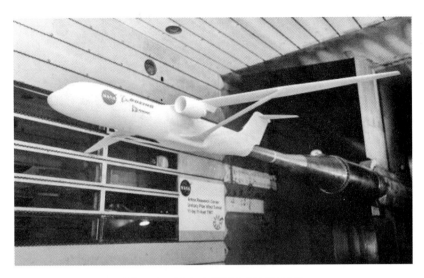

图 1-78　波音支撑翼布局风洞试验

（3）盒式翼布局

"盒式翼"或"连接翼"指两对机翼在翼尖或机翼外段连接，从前面看，像个盒子或菱形（见图 1-79）。这种布置可以获得较好的跨声速和超声速性能。一般也不需要常规平尾，两个机翼后缘的操纵面可以产生俯仰和滚转力矩。最大的好处还是在机翼结构重量方面，大概可以达到减重 30% 的量级。

图 1-79　洛克希德 – 马丁公司的盒式机翼布局方案

（4）其他布局形式

洛克希德 – 马丁公司提出一种称作"混合翼身"（HWB）的方案，前部是翼身融合布局，后机身则是常规形式，采用 T 形尾翼（见图 1-80）。该方案希望在获得更高气动效率的同时，具有更强的稳定和操纵特性，尾部也可设置大舱门，利于空投空降。

美国麻省理工学院提出一种"双气泡"机身的方案，称作"D8"（见图 1-81）。从外形看，它的机身扁平，发动机在机身尾部的上方，可以吸入机身上方的低速边界层，研究者的目标是大幅降低阻力，将油耗减少 50% 左右。

图 1-80　洛克希德 - 马丁的 HWB 方案

图 1-81　麻省理工学院 D8 方案

第2章 航空器的类型与构造

2.1 航空器分类

　　航空器的分类方法有很多，可以按照飞行原理分类，也可以按照用途或构型特点分类。本章主要介绍按飞行原理的分类。

　　航空器可分为轻于空气和重于空气两大类，轻于空气的航空器主要包括气球和飞艇，重于空气的航空器主要包括固定翼飞机、旋翼航空器（包括直升机、自转旋翼机、倾转旋翼机）和其他航空器（如扑翼机）等。

　　不同类型的航空器，其飞行原理和构造特点各有不同。

2.1.1 气球和飞艇

　　气球和飞艇属于浮空器，即我们常说的"轻于空气的飞行器"。严格来说，"轻于空气的飞行器"这个名称不是很严谨，它指的是整个飞行器的密度小于空气，因此在空气中可以获得浮力。

　　最早出现的实用浮空器是热气球，热空气相对容易获得，在操控方面也比较灵活。现代热气球通常由气囊和下方的吊篮组成，在吊篮中装备燃烧器，用以加热空气（见图 2-1）。当需要上升时，就加大火力，使气囊内的空气更热，从而密度更小，浮力更大。如果要下降，可以打开气囊顶部的阀门，泄出一部分热气，气球就会下降。

图 2-1　热气球起飞之前在气囊中充入热空气

气球没有推进装置，因此它的航行是不可控的。气球要想飞到预期的位置，就需要靠风力的帮助。大气中，不同高度对应的风向不同，在实际飞行中，气球操纵员会调节飞行高度，寻找合适的风向来控制航行。

气球中充入氢气使自身重量更小，因而更有利于飞行。不过氢气易燃，这是一个很大的安全隐患，因此后来人们转向相对安全的氦气。

氦气的制备成本比较高，现在的氦气球主要用作探空、科学研究、大气环境监测等领域。大气层中不同高度对应的空气密度不同，因此事先计算好大气压、密度和气球的容积，就可以使气球停留在特定的高度层。值得注意的是，由于大气压强随高度的变化，气球在上升过程中其体积也是变化的，气囊也需要有一定的承压能力。图 2-2 显示了美国 NASA 的一个探空气球在起飞和任务高度（约 30000m）时的体积变化。

图 2-2　探空气球在起飞和任务高度时的体积变化

飞艇是可以操纵的，具有推进和飞行控制装置，所以通常采用流线型艇体。从结构方面，飞艇可分为三种：硬式飞艇、半硬式飞艇和软式飞艇。硬式飞艇内部有骨架保持艇体形状和刚度，外表覆盖蒙皮，骨架内部有许多为飞艇提供升力的充满气体的独立气囊。软式飞艇完全靠内部气体的压力保持形状，有时也称为"压力飞艇"。半硬式飞艇则是在气囊中加入长的龙骨结构来分担弯矩载荷。

飞艇飞行中有一个特有的问题：随着高度的增加，大气压强降低，气囊膨胀；为防止气囊膨胀爆裂，需要通过阀门放气；但气放掉之后，就无法再升高。这是飞艇发展早期遇到的难题。后来法国的查理教授和罗伯特兄弟在纺锤形艇体内部安装了一个小的气囊，内充空气，并带有阀门。当气球升高时，就将小气囊的阀门打开，放出一部分空气，使外囊的膨胀压力减小。

现代飞艇通常会安装两个副气囊，分别位于艇体的前后部（见图 2-3）。要上升时，就抽出副气囊的空气，整个飞艇的总体密度变小，浮力增大；要下降时，就向副气囊内充气，整个飞艇的总体密度变大，浮力减小；另外，通过调节前后副气囊的空气量，还可以控制飞艇的俯仰姿态。

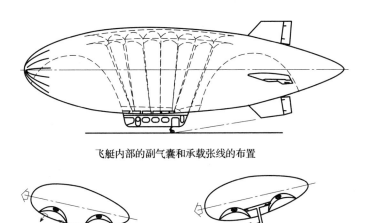

飞艇内部的副气囊和承载张线的布置

上升——副气囊放气   下降——副气囊充气

图 2-3 飞艇中的副气囊

2.1.2 固定翼飞机

现在人们说起飞机，在概念上是比较模糊的。航空领域对飞机的定义是："固定翼飞机或定翼机，简称飞机，泛指比空气重，由动力装置驱动，机翼固定于机身且不会相对机身运动，靠空气对机翼的作用力而产生升力的航空器。"从这个定义可以看出飞机与直升机和扑翼机的区别。严格地说，这个定义将滑翔机也排除在外。

现代飞机主要包括 5 个基本部分：机身、机翼、尾翼、动力装置和起落装置（见图 2-4）。当然，根据任务不同还配备有各种不同的机载设备和系统。飞机各部分的功用如下。

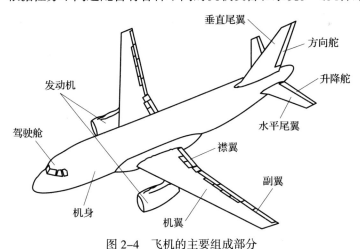

图 2-4 飞机的主要组成部分

（1）机身

机身的主要作用是装载，包括人员、货物、武器和设备等。另外，机身也将机翼、尾翼、起落架等部件连接成一个整体，有些飞机的发动机也是安装在机身上或机身内部。

（2）机翼

机翼的最主要的功能就是产生升力。机翼上通常会有一些活动的部件，通过操纵这些部件可以改变机翼的形状，从而控制机翼的升力、阻力和力矩。机翼上常见的活动部件有前 / 后缘襟翼、缝翼、副翼、扰流板、减速板等。

（3）尾翼和舵面

尾翼安装在飞机尾部，主要起到平衡、稳定和操纵的作用。尾翼的形状和构造与机翼类似，但由于功能的侧重不同，在设计方面尾翼与机翼各有特点。

大多数飞机的尾翼由水平尾翼（简称平尾）和垂直尾翼（简称垂尾）组成。水平尾翼起到飞机俯仰方向的平衡和操纵作用，垂直尾翼辅助飞机航向的平衡和操纵。一般的尾翼前半部分是固定的，称为安定面，后半部分可以偏转，称为舵面，即平尾由水平安定面和升降舵组成，垂尾由垂直安定面和方向舵组成。

升降舵、方向舵和机翼上的副翼，构成了飞机的主操纵面。通过飞机的操纵系统控制这三个主操纵面，就可以实现飞机的俯仰、偏航和滚转等操纵。

（4）起落架

起落架是飞机起降滑跑或在地面停放时支撑机体的部件。另外，由于飞机着陆时会有比较大的冲击载荷，在着陆过程中，起落架也要起到吸收能量、缓解冲击的作用。

早期飞机的起落架由固定的支柱和机轮组成，飞行过程中曝露在气流中，会造成较大的飞行阻力。现代飞机大多采用可收放式起落架，飞行时起落架收到机身或机翼的起落架舱内。

（5）动力系统

动力系统是为航空器提供动力，推动航空器前进的装置，包括发动机及其附件系统。

现代飞机常用的动力系统主要有三种类型：活塞式发动机、燃气涡轮发动机和冲压喷气发动机。这三类发动机都是从周围的大气中吸取空气作为燃料燃烧的氧化剂，所以又称为吸气式发动机。

活塞式发动机主要用于小型和低速的飞机，它的优势是成本低，耗油率也相对较低。但它不适合高速和高空飞行，发动机本身比较笨重，振动比较大。

燃气涡轮发动机为现代飞机所广泛采用，这一类发动机包括涡轮喷气（简称涡喷）发动机、涡轮风扇（简称涡扇）发动机、涡轮螺旋桨（简称涡桨）发动机和涡轮轴（简称涡轴）发动机。

冲压发动机构造简单，重量轻、推重比大，特别适合于高速飞行。但它不能在静止状态下起动，而且低速性能不好，因此通常和其他推进系统配合使用。

在本书第 4 章中，将详细介绍关于动力系统的情况。

（6）机载设备和系统

机载设备和系统是用于完成各种飞行任务的组件，如飞行参数测量、通信、导航、环境控制、生命保障、能源供给等。在飞机上主要有四大系统：飞控系统、航空电子系统、机电系统和武器系统。

本书第 5 章中将详细介绍机载系统。

2.1.3 旋翼航空器

旋翼航空器主要包括直升机、自转旋翼机和倾转旋翼机，近年来兴起的多旋翼无人机也可以归到这一类。

（1）直升机

直升机无论在外形上，还是飞行原理都与固定翼飞机有着较大区别。一般来说，它没有固定的机翼，主要靠旋翼来产生气动力。这里的气动力既包括使机体上升或悬停的托举力，也包括使机体向前后左右运动的驱动力。

直升机飞行的特点是：

- 能够垂直起降；
- 能够在空中悬停；
- 可以沿任意方向飞行；
- 发动机空中停车时，旋翼自转，仍可产生一定升力，减缓下降速度。

由于以上特点，直升机可以做低空、低速和机头指向不变的机动飞行，特别是可在小面积场地垂直起降。高度可以低至离地面几米，速度可以很低、直至悬停，这些特点使其具有广阔的用途和发展前景。在军用方面的用途有：对地攻击、机降登陆、武器运送、后勤支援、战场救护、侦察巡逻、指挥控制、通信联络、反潜扫雷、电子对抗等。在民用方面广泛应用于短途运输、医疗救护、救灾救生、紧急营救、吊装设备、地质勘探、护林灭火、空中摄影等。

相比固定翼飞机，目前直升机的缺点在于：振动较大、噪声较高、维护检修工作量大、使用成本较高、速度慢、航程短。

①直升机飞行原理

直升机旋翼的桨叶剖面形状也是翼型，叶片平面形状又细又长，相当于一个大展弦比的机翼（见图 2-5），所不同的是，在旋转过程中桨叶从根部到尖部对应的气流速度是变化的。

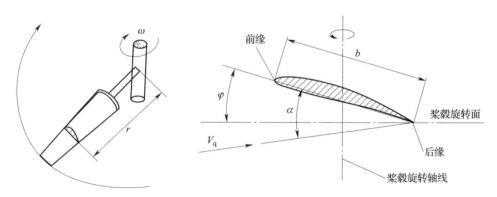

图 2-5　旋翼叶片工作原理

当旋翼旋转起来，空气流过桨叶，由于桨叶翼型和迎角，上下表面形成压力差，桨叶上产生一个向上的拉力。拉力大小受到很多方面影响，如桨叶与气流的相对速度、角度、空气密度、桨叶的大小和形状等。各桨叶拉力之和就是旋翼的拉力。

②直升机的操纵

直升机在地面停放状态时，旋翼的桨叶会因自重呈自然下垂状态；在飞行过程中，旋转的桨叶会形成一个带有一定锥度的底面朝上的大锥体，称为旋翼锥体。旋翼的拉力垂直于旋翼锥体的底面，当向上的拉力大于直升机自重，直升机就上升；小于直升机自重，直升机就下降；刚好相等，直升机就悬停。

通过控制旋翼锥体向前后左右各方向的倾斜，就可以改变旋翼拉力的方向，从而实现直升机向不同方向的飞行（见图2-6）。

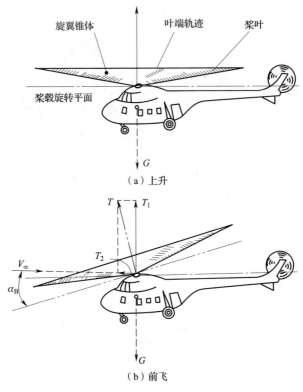

图 2-6　直升机的飞行

因为旋翼旋转时除产生升力外，还产生操纵直升机运动的纵向、侧向力，及俯仰、滚转力矩等，因此直升机的飞行控制与固定翼飞机相比有着显著的区别。

我们知道，当直升机构型已定、飞行环境确定的情况下，桨叶的气动力主要取决于桨叶与气流的相对速度和角度，因此要调节旋翼的气动力，就有两个途径：调节旋翼的转速和调节桨叶的桨距。例如，想要操纵直升机上升，就有两种选择：一是增大桨叶桨距（相当于增大机翼的迎角），可以使桨叶上的升力增大；二是提高旋翼的转速，也可以增大升力。但由于旋翼转速取决于发动机主轴的转速，而发动机转速通常有一个最有利的值，在这个转速附近工作时，发动机效率高、寿命长。所以，在实际飞行中主要采用调节桨距的方法来操控升力。

但这会带来另一个问题——桨距变化也会引起阻力的变化，增大升力的同时，阻力也增加了。阻力的增大会导致转速降低，削弱了升力增大的程度，因此通常还要加大油门，保持发动机工作在最佳转速。

这样，就容易理解直升机操纵系统的布置了。直升机操纵系统的驾驶员输入端包括驾驶杆、油门总距杆和脚蹬。总距杆是操纵直升机上升和下降的，它可以调节所有桨叶的桨距。在总距杆的顶端有油门调节环（因而称作油门总距杆），可以操纵发动机油门的大小（见图2-7）。

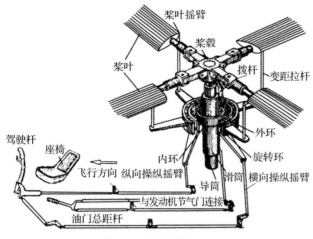

图 2-7　旋翼操纵机构

脚蹬用以操纵直升机机头的指向。

驾驶杆，又叫周期变距操纵杆，用以操纵直升机向前后左右的飞行。驾驶杆通过一系列机构与自动倾斜器相连接，当驾驶员沿横向或纵向操纵周期变距操纵杆时，自动倾斜器会向相应的方向倾斜，使桨叶在转动到不同位置时获得不同大小的桨距（见图 2-8），从而导致旋翼锥体向相应的方向倾斜，旋翼拉力方向也随之倾斜，由此得到需要的横向或纵向操纵力，改变直升机的运动方向和速度。

关于直升机机头指向的操纵，则需要了解直升机的构型变化。

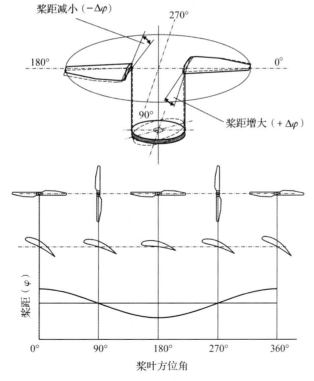

图 2-8　周期变距示意

③直升机的构型

现在最常见的直升机构型是单旋翼带尾桨式（见图2-9），主要的升力及操纵力由一个主旋翼提供。单一的主旋翼在旋转过程中除了产生升力，还会有阻力，这部分阻力体现在动力系统方面，就是一个与旋转方向相反的扭矩，需要由发动机提供驱动力矩来平衡。

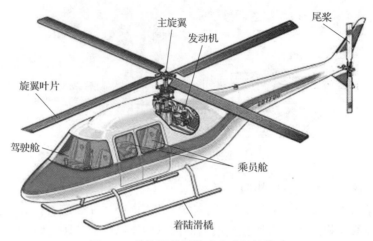

图 2-9　单旋翼带尾桨式直升机的构成

那么，对于直升机的机体来说，它受到来自旋翼的反扭矩，如果没有相应的力矩来平衡，机体就会向与旋翼旋转相反的方向转动，这对于直升机的飞行来说显然是不可接受的——需要有措施来平衡这个反扭矩。根据平衡方式的不同，直升机有了不同的构型。

单旋翼带尾桨式构型，是在直升机的尾部安装了一副尾桨，尾桨的推力（或拉力）指向侧方，从而产生配平反扭矩的力矩。同时，也可以通过操控尾桨侧力的大小来改变直升机的指向。

除了添加尾桨，也可以配置多副旋翼，让它们的旋转方向不同，从而互相抵消扭矩。通过人为操纵使两副旋翼的扭矩不平衡，可以改变直升机机头的指向。常见的双旋翼直升机形式有共轴式双旋翼（见图2-10）、横列式双旋翼（见图2-11）、纵列式双旋翼（见图2-12）等。

图 2-10　俄罗斯卡 -50 共轴式双旋翼直升机

图 2-11　米 -12 横列式双旋翼直升机

图 2-12　美国 CH- 47 纵列式双旋翼直升机

早期还有交叉双旋翼、四旋翼甚至更多旋翼的直升机，但现在已经很少见了。

（2）自转旋翼机

自转旋翼机简称旋翼机。从外形看，旋翼机和直升机几乎一模一样：机身上方安装有大直径的旋翼（见图 2-13），在飞行中依靠旋翼的旋转产生升力。但是除去这些表面上的一致性，旋翼机和直升机却是两种完全不同的航空器。

图 2-13　旋翼机

旋翼机实际上是一种介于直升机和飞机之间的航空器，它除去旋翼外，还带有推进螺旋桨以提供前进的动力，有时也装有较小的机翼，在飞行中提供部分升力。旋翼机的旋翼不与发动机传动系统相连，在旋翼机飞行的过程中，由前方气流吹动旋翼旋转产生升力；而直升机的旋翼与发动机传动系统相连，既能产生升力，又能提供飞行的动力，是主动旋转。由于旋翼为自转式，传递到机身上的扭矩很小，因此旋翼机无需像单旋翼直升机那样的尾桨，但是一般装有尾翼，以控制飞行。

在飞行中，旋翼机同直升机最明显的区别是：直升机的旋翼面向前倾斜，而旋翼机的旋翼则是向后倾斜的。其根本原因在于，旋翼机的旋翼是被动旋转，而直升机的旋翼是主动旋转。

有的旋翼机在起飞时，旋翼也可通过"离合器"同发动机连接，靠发动机带动旋转而产生升力。这样可以缩短起飞滑跑距离，升空后再松开离合器，让旋翼在空中自由旋转。

旋翼机的飞行原理和构造特点决定了它的速度小、升限低、机动性差，但它也有一些优点。

①安全性较好。由于旋翼旋转的动力是由飞机前行而获得，如果发动机在空中停车，旋翼机仍会靠惯性维持前飞，逐渐减小速度和降低高度；在高度下降的同时，自下而上的相对气流可以维持旋翼的自转，提供一定的升力，使旋翼机可以安全地滑翔降落。即使在飞行员不能操纵，旋翼机失去控制的特殊情况下，也可以较慢的速度下降，相对比较安全。

②振动和噪声小。由于旋翼是没有动力的，因此它没有由于动力驱动旋翼系统带来的较大的振动和噪声。同时，由于振动带来的叶片、桨毂、机体等的疲劳问题也大大缓解。

③抗风能力强。对常规的旋翼机来说，风有利于旋翼的起动和加速旋转，可以缩短起飞滑跑的距离。当风速足够大时，旋翼机甚至可以垂直起飞。一般来说，旋翼机的抗风能力强于同量级的固定翼飞机，而大体与直升机的抗风能力相当，甚至"在湍流和大风中的飞行能力超出直升机的使用极限"。

旋翼机的驾驶比直升机容易得多。国外一些旋翼机飞行培训中心，对没有飞过任何机种的新手，一般通过两天的训练和带飞即可放单飞，而对受过训练的人一天就行了。

旋翼机虽然古老，但它也是一种正在蓬勃发展的年轻航空器，其简单、方便、安全的特点，使其在未来的航空器家族中仍将占有一席之地。

（3）倾转旋翼机

倾转旋翼机属于旋翼航空器，如 V-22。

（4）多旋翼无人机

在直升机发展的早期，其实有过多种四旋翼构型，但都因为过于复杂、不实用而渐渐被人们忘却了。

近年来，随着微机电及微惯导技术的快速发展，人们对小型多旋翼航空器的热情重新被点燃，许多研究机构和企业都开展了相关研究，有多种产品问世。近年来，更是走入人们的日常生活，成为一般人都可以拥有、可以操纵的普及型产品。

现在的小型多旋翼无人机，以四旋翼最为常见（见图 2-14），但也有三旋翼，还有六旋翼（见图 2-15）、八旋翼以及更多旋翼的。

四旋翼无人机外形上比较对称，操控方面相对比较简单，我们以它为例大致介绍一下多旋翼的飞行原理。4 个旋翼分布在 4 个支臂的外端，当 4 个旋翼以同样转速转动时，合力作用在整个旋翼机的中心，并且合力矩为零。当合力大于全机重量时，机体就会上升；反之下降。当合力等于重力时，四旋翼无人机就可以在空中悬停。

图 2-14　典型的四旋翼无人机

图 2-15　六旋翼无人机

当四旋翼无人机要向其他方向运动时，如要向前飞，则操控前方的旋翼减速旋转，减小升力，后方的旋翼加速旋转，增大升力，整机的姿态向前倾，4 个旋翼的合力也随之前倾，产生一个向前的分力，驱动机体向前飞行。需要注意的是，由于所有旋翼的合力向前倾，那么在垂直方向上的分量减小，这就需要增大某几个旋翼或所有旋翼的升力（取决于具体控制策略），使合力在垂直方向上的分量与重力平衡。要向其他方向运动，原理与之相同。

可以看出，多旋翼无人机的旋翼，与直升机的旋翼差别还是很大的：多旋翼无人机的旋翼其实就是简单的螺旋桨，而直升机的旋翼则复杂得多，有多个方向的铰链。多旋翼无人机的旋翼控制只是控制转速，而直升机的旋翼则主要是控制桨距。

多旋翼无人机的多个旋翼需要协调控制，从本质上来说，它其实是一个不稳定系统。也就是说，以四旋翼为例，即使 4 个电机和螺旋桨的功率、转速、升力完全一样，重心也在绝对的中心点上，但只要有一点扰动，四旋翼系统就会偏离平衡状态，并且无法依靠气动力恢复平衡。四旋翼系统的稳定完全要靠机载的控制系统来保障。机载控制系统，简单说来，是一套以负反馈为基础的调节系统，由机载传感器感知飞行器的姿态，如果发现偏离了预定的姿态，就马上朝相反的方向操纵，以维持飞行器的平衡。

从这个角度来说，多旋翼无人机完全是得益于电子工业尤其是芯片产业的飞速发展，使其成为一种成本低廉、性能可靠、功能强大的小型无人机的解决方案。

2.1.4　扑翼飞行器

在人类的飞行探索中，曾经有相当长一段时间是以扑翼飞行为主题的，基本上是来自模仿鸟类的思路。在这些尝试过程中，并没有出现航空学理论研究的事件和成果。到了18世纪，由于胡克（R.Hooke，1635—1703，曾译虎克，英国物理学家）和波莱里论断的影响——他们认为与鸟类相比，人类的肌肉所占比例太小，不足以驱动身体来飞行——模仿鸟类进行冒险飞行的人明显减少了。

经过扑翼飞行的探索，人们认为载人的扑翼飞行器很难成功，它无法产生足够的升力和推进力。但请注意，这并不一定是最终结论，很可能只是限于我们目前认知的片面结论，随着科技的发展，可能会有其他的认识。

虽然在大尺寸扑翼飞行器方面没有什么成就，但在尺寸很小的飞行器方面，扑翼飞行似乎是更有效的。这方面的研究起源于21世纪初的微型飞行器的兴起。微型飞行器定义为十几到几十厘米，甚至是毫米级的飞行器，用于执行一些特殊的任务。对于如此小的尺寸，固定翼飞行器的效率很低（其原因主要涉及低雷诺数空气动力特性，这里不作详述），而扑翼飞行器却可以获得较高的飞行效率。

目前，微型扑翼飞行器的研制方面主要有两种思路：一是针对尺寸稍大的飞行器，机翼主要靠与气流相对运动产生升力，类似于固定翼的机理，扑翼的扑动主要产生推力，或有一小部分的升力；另一种是针对尺寸很小的飞行器，机翼扑动的频率很高，主要利用涡系产生升力，类似于一些昆虫的飞行机理。这就需要对非定常流动有较高的把握能力，目前还在探索之中。

图 2-16 所示是一些微型扑翼飞行器研究项目。

（a）　　　　　　　　（b）　　　　　　　　（c）

（d）　　　　　　　　（e）　　　　　　　　（f）

（g）　　　　　　　　（h）　　　　　　　　（i）

图 2-16　微型扑翼飞行器项目

图 2-16 中项目分别为：

（a）美国航空环境（AeroVironment）公司的 Micro Bat；

（b）美国 AeroVironment 公司的 Nano Hummingbird；

（c）荷兰代尔夫特理工大学的"代尔夫特探险者"（Delft Explorer）；

（d）德国费斯托（FESTO）公司的仿生鸟；

（e）德国费斯托（FESTO）公司的仿生蝴蝶；

（f）美国哈佛大学的 RoboBee；

（g）美国加州理工学院的蝙蝠机器人 Bat Bot；

（h）法国工程师 Ruymbeke 的 BionicBird；

（i）中国西北工业大学的"信鸽"。

2.2　飞机的种类

2.2.1　不同类型的飞机

飞机是应用最广泛的一类航空器，它的数量巨大，种类繁多，功能各异。如果以用途来分类，可以分为军用飞机、民用飞机和研究类飞机三类。

需要注意的是，现代科技发展迅速，多种学科快速出现，学科之间的融合也越来越多、越来越广泛，因而新型飞行器也在不断涌现，各类飞机之间的界限也渐渐模糊。我们这里提出的类别只是为了叙述方便，也为了勾画出一个比较明晰的框架，读者在自己的学习和工作中不必拘泥于此。

（1）军用飞机

用于军事用途的飞机，可以分为作战飞机和作战支援飞机两大类。

①作战飞机

作战飞机是指直接执行作战任务的飞机，主要有战斗机、战术攻击机和战略轰炸机，近年来有一些具有发射反辐射武器能力的电子战飞机也可归到这一类。

a. 战斗机

战斗机的主要任务是消灭空中和地面敌机，夺取制空权。苏联 / 俄罗斯和我国称为歼击机。

现代战斗机按用途可分为制空战斗机和多用途战斗机。制空战斗机又称空中优势战斗机，主要任务是空战；多用途战斗机则既可以执行空战任务，也可执行对地攻击任务。

战斗机按重量可分为轻型战斗机和重型战斗机。通常，起飞重量在 15t 以下的被认为是轻型战斗机，如美国的 F-16、俄罗斯的米格 -29、法国的"幻影"2000、我国的歼 10 等；而接近或超过 20t 的被认为是重型战斗机，如美国的 F-15、俄罗斯的苏 -27 和我国的歼 11 等。

顺便提一下，以前的分类中有"歼击机、截击机、歼轰机"等称呼，截击机是专门用于国土或区域防空的，歼轰机即歼击轰炸机，是对空对地两用的战斗轰炸机。这些是与当时的作战思想和作战环境相关的，现在这些任务已经可以由战斗机来完成，各国也已不再研制这类机型了。

b. 战术攻击机

战术攻击机是指携带各种对地攻击武器，对敌方战场和战区目标实施攻击的飞机。战术攻击任务分为纵深遮断和近距空中火力支援两种。

纵深遮断的主要目的是切断或减弱敌后方对前线的物资供应和人员补充，削弱敌前线的作战能力。执行这类任务的主要是战斗轰炸机，如美国的 F-111 和我国的歼轰 7 等。

近距空中支援是指直接支援部队作战，从低空或超低空攻击地面目标，摧毁敌方战场作战装备以及杀伤敌方作战人员。执行这类任务的主要是多用途战斗机和攻击机。

攻击机，苏联 / 俄罗斯和我国称为强击机，西方国家称为近距空中支援机，如美国的 A-10，苏联的苏 -25 和我国的强 5 等。攻击机比较强调低空 / 超低空稳定性和操纵性，要求具备良好的视界，便于搜索目标。另外，除了要有强大的对地攻击武器之外，也需要可靠的保护装甲。一般还需要能在靠近前线的简易机场起降。

反潜机也是一种战术攻击机，它是专门用来对付潜艇，载有搜索和攻击潜艇的装备和武器，具有低空、低速性能好和续航时间长的特点。

c. 战略轰炸机

轰炸机按起飞重量、载弹量和航程的不同，大致可以分为轻型轰炸机、中型轰炸机和重型轰炸机。其中，轻型轰炸机已经被现代的战术攻击机和多用途战斗机取代了。中型和重型轰炸机，主要用于深入敌后，对军事基地、交通枢纽、经济和政治中心进行战略轰炸，所以统称为战略轰炸机。典型的中型轰炸机有美国的 FB-111 和苏联 / 俄罗斯的图 -22 等，典型的重型轰炸机有美国的 B-52、B-1、B-2 和苏联 / 俄罗斯的图 -95、图 -160 等。

②作战支援飞机

作战支援飞机是指不直接参与作战的军用飞机，主要类型有军用运输机、预警机、电子干扰机、空中加油机、侦察机和教练机等。

军用运输机可以用于空运兵员、武器装备，并能空投伞兵和军事装备等。运输机按任务性质可以分为战略运输机和战术运输机两种。战略运输机用于远距离运输大量兵员和重型武器装备，战术运输机主要在前线地区执行近距离军事调动、后勤补给、物资运输、撤退伤员等任务。

预警机是装有远程搜索雷达用于搜索和监视空中、地面和海上目标的飞机。它的作用相当于把雷达站放在高空，大大增加了搜索范围。预警机上再装备敌我识别、情报处理、指挥控制、通信导航和电子对抗等系统，使预警机不仅能及早发现和监控低空的入侵目标，而且能引导和指挥己方战斗机进行拦截和攻击，这就成为预警指挥机。

电子干扰机主要功能是干扰敌方雷达和通信设备，又称为电子战飞机，它们大多是利用轰炸机、战术运输机、重型攻击机或战斗轰炸机改装而成。比较大型的有美国的 EC-130，俄罗斯的图 -95 和图 -16 改型等，小型的有美国的 EF-111、EA-6B，俄罗斯的苏 -24 改型等。

空中加油机可以对飞行中的飞机进行加油，可以大大提升受油机的航程和续航时间。

侦察机也可按任务性质分为战略侦察机和战术侦察机。战略侦察机的目的是为战略决策而搜集敌方战略情报，其特点是飞行高度高、航程远、能从高空深入敌方领土或沿边境飞行，装有复杂的航摄仪和电子侦察设备，可对敌方的军事和工业中心、核设施、导弹基地和试验场、防空体系等战略目标实施侦察。战术侦察机则主要对战场或战区目标实施侦察，大多利用战斗机改装。

③舰载机

舰载机其实包含许多类型的飞机和旋翼航空器，或者说它归属于另一种分类法。它的基本特征是以航空母舰为使用基地，包括舰载战斗机、攻击机、预警机、反潜机、加油机、运输机等。舰载机的主要任务是配合舰队完成海上作战任务，夺取海上和沿岸区域的制空权，对海上舰船和沿岸地区陆上目标实施攻击，支援海上作战和登陆作战。

由于是在舰上使用，与陆基飞机的使用条件有较大不同，造成舰载机在技术方面也有一些特点，例如，气动外形方面尽量采用高升力设计，降低舰上起降速度；机翼设计成可折叠的，以减小停放空间；需要加大结构强度，以承受弹射起飞和拦阻着舰的冲击载荷；在动力方面，强调发动机的加速性、可靠性和耐腐蚀性等。

（2）民用飞机

民用飞机包括航线运输机和通用航空飞机两大类。关于这两类航空活动的概念在本书第 1 章 1.3 节已有介绍。这里主要介绍它们的使用和技术特点。

过去曾将航线运输机按航程远近分为远程、中程和短程三类，但现在大多数是按照服务的航线性质分为干线和支线两类。

干线运输机主要服务于大城市间的航线，可分为客机、货机和客货两用机。所谓大城市，表征了它的客货流量和繁忙程度。国际航线上的干线飞机通常以远程、大型（250 座以上）飞机为主，国内的航线则主要以中程、中型（180 ~ 250 座）飞机为主。

支线客机航行于小城市之间或中心城市与小城市之间，通常按飞机的载客量分为三类：10 ~ 30 座为小型支线客机；40 ~ 60 座为中型支线客机；70 ~ 100 座为大型支线客机。早期支线客机载客量较小，多为涡轮螺旋桨飞机，近年来则越来越多地研制和采用 100 座左右的喷气式飞机。

通用航空飞机种类繁多，一般为轻型多用途飞机，也有超轻型飞机。目前各国对轻型飞机的确切标准尚不统一，一般认为轻型飞机的最大起飞重量小于 5750kg。超轻型飞机的最大起飞重量通常在几百千克，但也没有严格统一的规定。

（3）研究类飞机

有些飞机主要是为了评估或检验某些新技术或者探索航空领域的新问题而研制的，这类飞机没有具体的运营要求，因此它们不是运载工具，而是研究工具。

比较著名的有美国的 X 试验机系列，字母 X 是单词"experimental"的缩写，即"试验性的"之意，同时也蕴涵着"未知的"深层含义。从最早的 X-1 到现在，已经有五十多种型号了。

X-1 试验机作为人类历史上一种划时代的飞机，不仅仅是因为它的速度超过了声速，也是因为它是世界上第一种纯粹为了试验目的而设计制造的飞机。研制 X-1 的想法源自 20 世纪 30 年代末飞机设计领域所遇到的问题：当时建造的风洞已经不能满足飞机在高速飞行条件下各种参数的搜集，因而需要研制一种专用的飞行试验机。

美国贝尔飞机公司制造的 X-1 长 9.45m，高 3.35m，翼展 8.53m，其机身形状仿照了 12.7mm 机枪子弹的外形（见图 2-17 和图 2-18）。X-1 的机翼为平直翼，厚度很小。使用 XLR-11 火箭发动机，燃料为液氧与酒精和水的混合物。

1947 年 10 月 14 日，试飞员查尔斯·耶格尔（C. E. Yeager）驾驶 X-1 在 43000ft 的高空飞出了 $Ma1.06$ 的高速，从而迈出了人类超声速飞行的第一步。

图 2-17　飞行中的 X-1

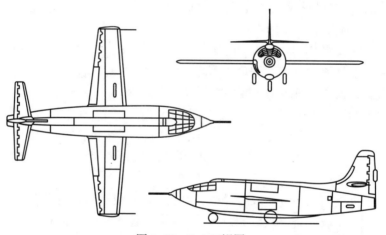

图 2-18　X-1 三视图

（4）无人机

无人机，通常指的是无人驾驶飞机，英文简称 UAV。不过"UAV"这个称呼值得再深入探究一下。传统意义上的 UAV 指"Unmanned Aerial Vehicle"，完全对应中文"无人机"，但这样的说法有点泛，因此也有人认为应该称为"Uninhabited Aerial Vehicle"，即机上没有驾驶员，或干脆叫"Pilotless Aircraft"，因为大多数无人机其实是有地面操作人员的。

近来美国军方和研究部门更常用"UAS"（Unmanned Aircraft System 或 Unmanned Aerial System）这个名词，表明现代应用更偏重体系化。无人机的使用中需要一整套的专用装置和设备，无人机与这些设备构成一个完整的系统。一般来说，这个系统包括若干架无人机，地面遥控站，信息接收、处理和传输系统，起飞和回收装置等，当然也还有任务设备（包括武器）和任务管理系统等。

无人机在构造方面，与有人飞机大体相同，但由于不需要驾驶员，因而不需要生命保障系统，性能方面也不受人的生理极限的限制，所以在机体结构方面通常可以更简单，也可以达到更高的性能指标。

无人机可以按尺寸、重量、结构形式、动力装置、回收方式，以及任务特征等多种方法分类。近年来，无人机的应用越来越广泛，也有很多新的构型和使用方式不断涌现，因此无人机的类别会越来越丰富，可能会有更多的跨界和融合，各种类型的界限也会更模糊。

无人机的尺寸、重量、航程、航时都覆盖了很大的范围，有尺寸超过一般客机的战略型无人机，也有可以手掷起飞的小型战场侦察机，甚至有可以放在掌心的微型特种无人机。它们的用途也是多种多样，以下列举一些有代表性的机型。

①RQ-4A "全球鹰"

"全球鹰"无人机是美国诺斯罗普 – 格鲁门公司研制的高空高速无人侦察机。它的翼展与波音 737 客机相当，机翼展弦比达 25。机头凸起，内装直径达 1.2m 的雷达天线（见图 2-19）。

图 2-19　"全球鹰"无人机

"全球鹰"无人机是目前美国空军最先进的无人机，也是世界上飞行时间最长、距离最远、高度最高的无人机。最大飞行速度 740km/h，巡航速度 635km/h，航程超过20000km，飞行高度 18000m，最大续航时间大于 36h，可从美国本土起飞到达全球任何地点进行侦察。

②MQ-1 "捕食者"

MQ-1 "捕食者"是美国通用原子公司研制的中空长航时（MALE）无人机（见图2-20），它主要用作侦察，也可以实施打击，机载两枚 AGM-114 "地狱火"导弹。机长8.27m，翼展 14.8m（依不同生产型号而有变动），最大使用半径 3700km，最大续航时间40h，可在目标上空盘旋 24h。机上装有光电 / 红外侦察设备、GPS 导航设备和具有全天候侦察能力的合成孔径雷达。

图 2-20　"捕食者"无人机和它的地面控制舱

③RQ-11B"大乌鸦"

"大乌鸦"（也作"渡鸦"）是美国航空环境（AeroVironment）公司研制的小型无人机，翼展 1.4m，起飞重量 1.9kg，小巧轻便，采用人力投掷发射，可以提供到排级部队使用（见图 2-21）。无人机系统有两名操作人员，一人负责操纵无人机，一人负责观察无人机系统传回的图像。

图 2-21　"大乌鸦"的地面站和手抛起飞

"大乌鸦"飞行时噪声很小，在 100m 高度以上飞行时几乎听不到发动机的声音；体积小，不易受到敌方攻击；飞行距离可达 10km，续航时间 1～1.5h，任务高度为 30～152m。该机可按预编程航线飞行，用掌上终端控制，可为战术指挥官提供实时视频和快速图像评估。

④X-47B

X-47B 是由诺斯罗普 - 格鲁门公司研发的试验型无人战斗机（UCAV）。X-47B 的长度为 11.63m，翼展 18.92m，外翼段可折叠，折叠后 9.4m（见图 2-22）。最大起飞重量 20215kg，动力为一台普惠 F100-220U 涡扇发动机。X-47B 的巡航速度为 $Ma0.9$，实用升限 12190m，航程 3889km。

欧洲也在积极开展无人战斗机的研究，典型的有英国的"雷神"（Taranis）和法国牵头、多国合作的"神经元"（nEUROn）。这两种无人机都还处于技术验证阶段，外形偏向于飞翼，主要验证低可探测性、自主飞行、新型操控技术和承担持续监视任务、确定目标、搜集情报、威慑对手，以及深入敌境实施打击的能力。

图 2-22　X-47B 无人战斗机

⑤ "太阳神"无人机

"太阳神"（Helios）是由美国 NASA 与航空环境公司联合研制的太阳能无人机，该机翼展达 7.1m，长度约 3.6m（见图 2-23），机翼上方贴有 6 万多块太阳能板，为全机提供能源。NASA 希望它能在空中执行持续数天甚至更长时间的任务。

图 2-23　"太阳神"无人机

在 2003 年 6 月的一次试验飞行中"太阳神"在空中解体，坠入夏威夷附近海域。根据调查报告，事故的主因是强湍流引起的机翼振荡导致机翼断裂，深层原因是飞行前无人机的构型做了一定的改变，但飞行控制系统未做出适当的调整，使得控制能力变弱，造成无人机对湍流非常敏感，机翼上下振荡诱发全机的俯仰振荡，最终超出结构的承载极限。

⑥Zephyr

Zephyr 太阳能无人机最早是英国 Qinetiq 公司研制的，后来卖给了空客公司。空客公司将这架无人机命名为 HAPS（High Altitude Pseudo-Satellite，高空伪卫星），它可以在 70000ft 的高空飞行，是普通客机飞行高度的两倍。它可以以较低的成本，在一定程度上替代卫星，而且部署起来也相对更容易。

Zephyr 系列有 S 和 T 两种（见图 2-24）。Zephyr S 的翼展为 82ft，可以在天空停留 45 天。白天利用太阳能飞行，同时给机载电池充电，夜晚用电池电力飞行。Zephyr T 的尺寸较大，翼展超过 100ft，可以装载更重的设备。

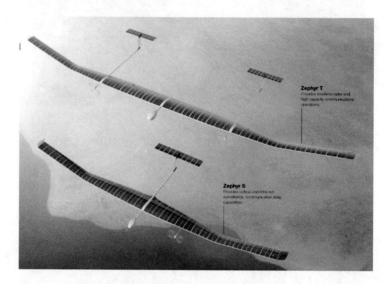

图 2-24　Zephyr T 和 Zephyr S

无人机与有人机的差别，并不只是没有驾驶人员这么简单，它伴随着一系列的技术突破和理念更新，为航空应用拓展出新的领域，也使未来航空的发展有了许多新的可能。

2.2.2　飞机的构型

要描述一架飞机的构型，通常可以根据它的外形特征或主要部件的特征或布置方式来描述，例如：按机翼平面形状，可以分为平直翼、后掠翼（前掠翼）、三角翼或变后掠翼等；按发动机数量，可以分为单发、双发、多发等；按发动机安装形式，可以有翼吊式、尾吊式、内埋式等；按气动布局形式，有常规布局、鸭式布局、无尾式布局等。

本节中，我们简单介绍一些典型的机翼几何形状和布局形式。

（1）机翼平面形状

飞机机翼的平面形状，指的是机翼在水平面的投影的形状。一般来说，有平直翼、后掠翼、三角翼等（见图 2-25）。

当然，这里列举的是基本形状，是比较简化的。实际机翼形状会更复杂、更不规则，图 2-26 所示的现代运输机机翼后缘常会有个转折。有时也不那么简单，可能是几种形状的组合，就像图 2-25 所示的"复杂三角翼"，其实叫"带前边条的梯形翼"或"多段梯形翼"也说得过去。所以，形状的划分是为了突出特性，方便分析设计，实际应用中不必拘泥于此。

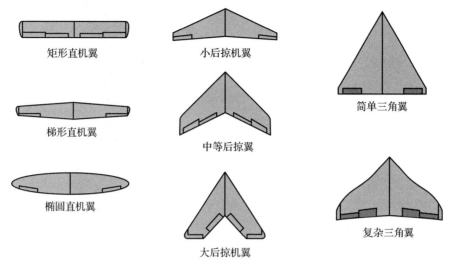

矩形直机翼　　小后掠机翼　　简单三角翼

梯形直机翼　　中等后掠翼

椭圆直机翼　　大后掠机翼　　复杂三角翼

图 2-25　基本机翼形状

机翼的形状与飞机的性能相关，如图 2-27 所示。低速飞机通常采用平直翼。随着飞行速度的提升，到达高亚声速乃至跨声速、超声速，就需将机翼后掠，这主要是为了降低激波阻力，采用前缘大后掠的三角翼也是出于这样的思路。

理论上，将机翼向前掠，也可以达到后掠翼的效果，甚至还会有提升机动性、改善时速特性的好处。不过，前掠翼有结构发散的问题，也有一些操控方面的问题，因此应用不是很多。典型的如 X-29 和苏 -47（见图 2-28），也都是试验性质的飞机，没有量产。

图 2-26　现代运输机的机翼通常都有个转折

既然平直翼有利于低速飞行，后掠翼有利于高速飞行，那么如果让机翼的后掠角可变，在不同的速度使用不同的后掠角（如图 2-27 中的 F-111），那岂不是所有的速度都可获得较好的性能？理论上是这样。不过，问题在于：首先，它很重。机翼需要强度很高的转轴机构，本身会增加重量；同时，结构上无法保证优化的传力路线，也使重量增加。其次，飞机的力矩平衡也是一个重要的考虑因素。当机翼后掠时，气动中心也随之后移，产生很大的低头力矩，甚至会大到无法配平。一般需要移动燃油分布，或者要在平尾上产生巨大的向下的配平力。所有这些综合起来，使得变后掠翼的优势并不明显，甚至总体效能还处于劣势。

这也说明工程领域中一条重要的原则：天下没有免费的午餐，所有的收获都要付出代价。

（2）飞机的布局形式

"布局"这个词有"安排，规划"的意思，即飞机各部件的形状、位置等的规划。我们一般说的"飞机布局形式"，主要指飞机的气动布局。

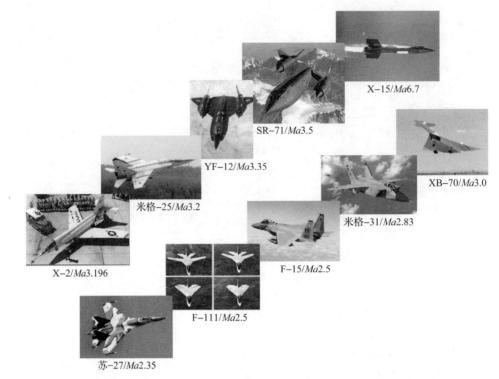

图 2-27　不同飞行速度的飞机

图 2-28　前掠翼：X-29 和苏 -47

飞机的气动布局，主要以尾翼相对机翼的位置来定义。

最常见的有：常规布局、鸭式布局、无尾式布局。

①常规布局

常规布局，又称"正常式布局"或"传统布局"，是最常用的形式，尾翼安置在主机翼后方。一般情况下，常规布局能够以最小的重量获得合适的稳定性和操纵性。

最早的航线喷气机"彗星"号就采用了这种布局（见图 2-29）。可以看出，它与现今主流的客机布局基本相同，只是发动机的布置有所不同，为内埋式。实际上，这个变化发生得很早，在"彗星"号之后 6 年投入运营的波音 707 采用了翼吊式发动机布置（见图 2-30），一直沿用至今。

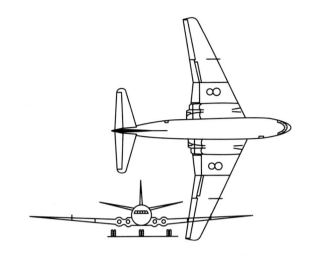

图 2-29　"彗星"号喷气运输机的布局

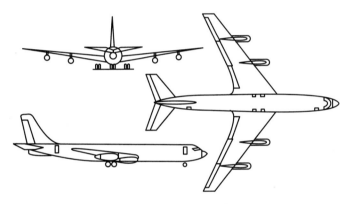

图 2-30　波音 707 的布局

　　早期的设计师在没有计算机、没有强大工程团队甚至没有经验没有指导的情况下，设立了这种布局，并且几十年来未被超越，这无疑是一种最高的礼赞。当然，这样说也未免不公平，这几十年来航空界在气动减阻、升力改善、动力系统优化、结构与材料、工艺、系统集成、提高可靠性、航空电子、计算机控制等许多方面取得了巨大的进展，对设计思想和设计方法也有着潜移默化的影响。

　　②鸭式布局

　　"鸭翼"这个名称源于法语"canard"。有趣的是，它最早出自于快船竞赛，某位船主为他的快船装上了翼面，快速航行时将船身抬高，甚至一度飞离水面，大大提高了速度，但也引起其他赛手的不满，有人恼怒地评述他的船"又笨又丑，像只鸭子"（canard），因而留下这个名字。

　　将水平操纵面移至机翼前方，即为鸭翼（见图 2-31）。其实莱特兄弟最早的飞机就是鸭式布局，但这种布局很快就失去关注，因为它很难提供足够的稳定性。莱特兄弟早期的飞机非常不稳定，需要驾驶员反应灵敏、训练有素。早期拍摄的影片显示，当遭遇阵风时，莱特飞机的鸭翼几乎是不停地在上下极限位置来回快速摆动。

鸭式布局的优势在于，操纵面处于未受扰动的区域，它的操作响应是确定并可预见的，这大概也是莱特兄弟采用鸭式布局的原因。另外，鸭式布局容易获得较好的机动性，很多高性能战斗机采用这种布局。

③无尾布局

如果既不要尾翼，也不要鸭翼，那就成为了无尾布局（见图2-32）。这里主要指没有平尾，无尾布局可以有垂尾，也可以没有垂尾。

无尾布局的重量和阻力都是最小的，通常采用这种布局的原因也在于此。但是无尾布局不容易获得稳定性，在控制方面需要较强的能力。

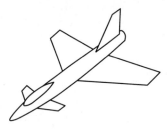

图2-31　鸭式布局

图2-32　无尾布局

（3）新颖布局

以上介绍的三种是最常见的布局形式。人类在航空活动中总是孜孜不倦地追求着更高的性能，也在殚精竭虑地寻找更好的解决方案。因此，在航空器发展的过程中，有许多展现奇思、冲破传统的构型。可以想象，在未来的探索中也将会有更多奇妙的构型。

①飞翼

飞翼是最纯粹的构型，全部外露部分都可用于产生升力，理论上说，应该可以获得最高的气动效率，达到极致的性能（见图2-33和图2-34）。但实际上，操纵性和稳定性问题限制了它的性能。

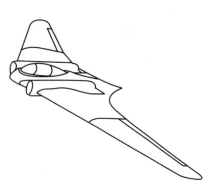

图2-33　霍顿兄弟 Ho IX 飞翼

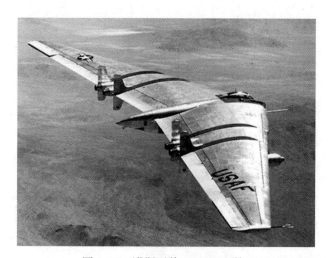

图2-34　诺斯罗普 YB-49 飞翼

②盒式翼

盒式翼方案拥有两对机翼，有点类似于串列翼，但在翼尖处由端板连接起来。从前方看去，机翼和端板构成一个盒子的四壁（见图 2-35），因此得名。

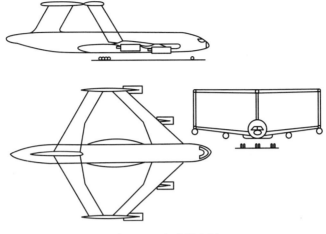

图 2-35　盒式翼布局

③连翼

连翼布局也有两对机翼，前翼后掠，后翼前掠，后翼安装在垂尾顶端，具有较大的下反角，翼尖延伸到前翼。从前面看，全机呈三角形，从上方看是菱形（见图 2-36）。在安排连接位置时考虑到超声速面积律，将后翼顶端置于前翼最大厚度之后。

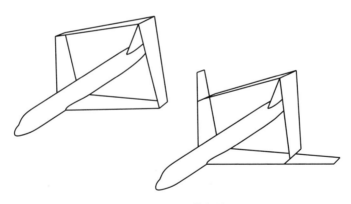

图 2-36　连翼布局

④前掠翼

机翼前掠（见图 2-37）可以降低跨声速和超声速阻力，这方面与后掠翼一样，而且它在失速方面还有附加好处。但这种布局也有着独特的问题，这方面前面已提到过了。

⑤斜翼

如果一边机翼前掠，一边机翼后掠，就成了所谓的斜翼布局（见图 2-38），理论上可以在超声速飞行时获得最低阻力和最高的气动效率。

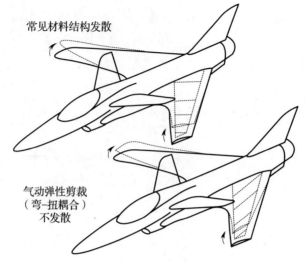

常见材料结构发散

气动弹性剪裁
（弯-扭耦合）
不发散

图 2-37　前掠翼布局

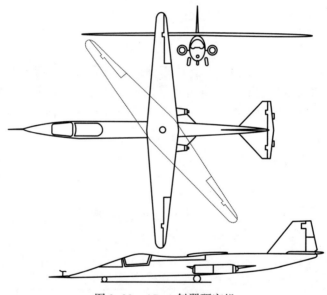

图 2-38　AD-1 斜翼研究机

　　这种布局主要是为了兼顾亚声速和超声速性能：机翼连接处有一个转轴，允许改变掠角，在低速时为平直翼，高速时为斜掠翼。

　　因为机翼盒段的结构是直的，它比一般的后掠翼要轻。转动机构比较容易实现，重量代价也不大。它与其他后掠翼一样可以获得跨声速和超声速的优势，在失速性能方面也不差。不过由于后掠部分会先失速，需要某种形式的失速限制器。另外，这种构型的飞机存在操纵耦合问题。

　　斜翼布局最主要的好处在于超声速波阻方面。由于左右两半机翼占据不同的机身站位（距机头位置不同），它们对体积分布的影响不是叠加关系。机翼的体积沿机身方向"散布"，降低了飞机的最大截面面积——而波阻是由飞机最大截面面积的平方决定的。

（4）不对称布局

大多数飞机是左右对称的，但也没有什么准则规定飞机一定是对称的。伯特·鲁坦的"回旋镖"（Boomerang）就是一架比较出名的不对称构型飞机（见图 2-39）。

其实很早就有人想到不对称布局，1938 年德国布洛姆 – 福斯（Blohm-Voss）公司推出的 BV-141 就是一架左右不对称的飞机（见图 2-40）。主机身上安装发动机和尾翼，驾驶员和机尾炮手则处在偏置一侧的短舱中。炮手具有无遮挡视野，驾驶员则具备一般单发战斗机无可超越的下向视野。P 效应使推力线向右偏移，接近飞机中心线，飞机的飞行特性其实没有像它的外形那么不对称。

这架外形怪异的飞机的航程比常规外形的 FW-189 大一倍，不过后者赢得了合约。看来，不对称布局并不那么容易被接受。

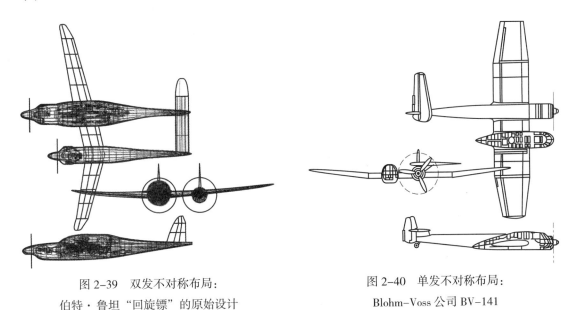

图 2-39　双发不对称布局：
伯特·鲁坦"回旋镖"的原始设计

图 2-40　单发不对称布局：
Blohm-Voss 公司 BV-141

2.3　飞机的结构

2.3.1　对飞机结构的基本要求

在飞机的结构设计中，有一些基本的要求，包括气动要求、重量要求、使用维护要求、工艺要求和经济性要求等。由于这些基本要求和飞机高可靠性的使用要求，使得飞机结构具有精密、复杂的特点。

（1）气动要求

飞机在空中飞行，空气的作用力取决于飞机的外形，因此飞机的外形尤其是机翼的外形必须保证一定的准确度，从而获得预期的升力特性；另外，机体的表面质量与阻力相关，所以也需要保证。

机体的部件在受到气动载荷时会产生变形（见图2-41），尤其在操纵面、翼尖等处的变形会影响到飞机的操纵性、操纵效率等，甚至可能会引发气动弹性问题，因此在结构设计和制造过程中，要将变形量控制在可接受的范围内。

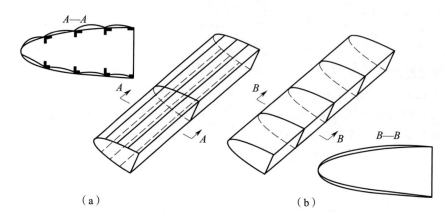

（a）　　　　　　　　　　　　　（b）

图2-41　机翼前缘的两种变形形式

气动要求是一种前提性的要求，即所设计结构必须满足的要求。

（2）结构完整性及最小重量要求

结构完整性，是指关系到飞机安全使用、使用费用和功能的机体结构的强度、刚度、损伤容限及耐久性（或疲劳安全寿命）等要求的总称。

结构设计应保证结构在承受各种规定的载荷和环境条件下：

①具有足够的强度；

②不产生不能容许的残余变形；

③具有足够的刚度，或采取其他措施以避免出现不能容许的气动弹性问题与振动问题；

④具有足够的寿命和损伤容限，以及高可靠性；

⑤在保证上述条件得到满足的前提下，使结构的重量尽可能轻。

（3）使用维护要求

飞机的成本中，有很大一部分是使用维护成本。为了降低使用成本并提升使用中的安全性和可靠性，需要尽量提高飞机的维修性，这方面通常用两个指标来评定：开敞性和维修性。

开敞性，或称可接近性，指结构布置便于接近，人员或设备容易接近需检修的位置；维修性指合理布置和设计各种分离面、开口、锁等，便于进行维修工作。

（4）工艺要求

所谓工艺，就是指产品如何被加工出来。好的工艺，对应着生产过程中的加工快速和成本低廉。工艺需要结合产品的产量、机种、需求的迫切性与加工条件等综合考虑。

近年来，随着复合材料等新材料的发展，还需要对材料结构的制作和结构修理的工艺性予以重视。

（5）经济性要求

对于飞机的经济性，通常用"全寿命周期费用"（LCC）来衡量。它指的是飞机的整个寿命周期，从概念设计、方案论证、全面研制、生产、使用与保障直到退役或报废，期间所产生的一切费用之和。在全寿命周期费用中，前期设计可能会占 10% 左右，生产成本约为 30%，而使用与保障成本最大，通常会占 60% 左右。

在这样的综合考虑之中，各阶段的费用会有一定的内在联系。例如，在设计过程中投入更多精力，进行更完善的分析，会提高设计成本，但可能会大幅降低生产和使用成本，因而降低总成本。相反，削减设计、生产成本，可能会大大提高使用成本。类似情况在日常生活中也屡见不鲜。

（6）其他要求

随着飞机设计向综合性和一体化发展，对结构设计提出了新的要求，例如：

- 隐身 – 结构一体化；
- 翼 – 身融合技术；
- 飞机 – 发动机一体化设计；
- 飞控 – 火控 – 结构一体化设计等。

对于飞机结构，各项要求之间是相互联系、相互制约，有些还是相互矛盾的。例如，工艺要求是一种条件性要求，也就是说，它总是结合一定条件的。某些条件下，如战时急需增加数量，它会成为主要要求。再如，重量是飞机的一项关键指标，它决定着飞机性能和运载能力，这对军机和民机都是至关重要的，但重量要求与维修性、成本等都会相互影响。对于这些相互矛盾的要求，如何取舍、如何协调，体现着设计的水平。

2.3.2　主要材料

对于航空材料的评价，常采用"比强度"和"比刚度"的概念，所谓比强度指的是材料的抗拉强度除以材料密度，比刚度为材料的弹性模量除以材料密度。可以看出，比强度和比刚度表征了单位质量的某种材料承受载荷和抵抗变形的能力。也就是说，比强度和比刚度越高，在承受同样载荷或产生同样变形的前提下，结构的质量越轻。

传统的飞机结构以金属材料为主，现在则越来越多地采用复合材料。常用的材料有如下几种。

（1）铝合金

到目前为止，铝合金大概是用途最广泛的航空材料了。它的比强度、比刚度、断裂韧性和疲劳强度高，易加工成形，价格适中，而且耐化学腐蚀。

纯铝比较软，一般要和其他金属混合制成铝合金才能供航空工业使用。例如，常见的 2024 铝合金，除了铝元素，还含有铜（3.8% ~ 4.9%）、锰（0.3% ~ 1.0%）、镁（1.2% ~ 1.8%）和少量的铬、硅、锌等元素。标号高的铝合金具有更高的性能，如 7075 铝合金一般用于高强度构件，但它比较难于加工，成本也较高。

（2）镁合金

镁合金具有良好的比强度、耐高温、易成形，尤其是易于锻造、铸造和机械加工。

镁合金在飞机上可被用于发动机支座、机轮、铰链、托架、加强板、油箱，甚至是机翼。但是，镁金属易受腐蚀，必须覆上保护层。另外，镁金属是可燃的。

美国军用标准中不建议使用镁，除非可以获得很大的减重效果。另外，镁金属不应使用在难检查的位置，或者易遭受雨淋腐蚀或靠近发动机排气的位置。

（3）钢

钢基本上是铁和碳的合金，用碳来增加铁的强度。随着碳含量的增加，钢的强度和韧性都随之增加。典型的合金钢大约含有1%的碳元素。为了获得不同的性能，也会加入一些其他的金属，如铬、钼、镍和钴等。不锈钢一般用在需要防腐的结构上。

钢的比强度要小于铝合金，但是它的绝对强度高，主要用在需要高强度和抗疲劳的结构，如机翼接头，或需要耐高温的结构，如发动机的防火墙和安装接头等。超声速轰炸机XB-70的机体采用了大量的钎焊钢蜂窝结构，这种材料在高温下具备足够的强度，但是非常难加工。

钢的物理性能受其热处理工艺以及温度的影响很大。相同组分的合金可能具有中等强度和良好的韧性，或者以牺牲韧性为代价换来更高的强度，取决于所使用的热处理工艺和温度。

钢材价格便宜，大约为铝合金价格的1/6，而且钢材还具有易加工的优点。

（4）钛合金

钛金属被视为理想的航空材料。它具有比铝合金更好的比强度的和比刚度，而且几乎和钢一样耐高温。钛的耐腐蚀性能也很好。但是正因为这些优点，钛很难加工成形。大多数的钛合金要在550℃的高温下加工。

另外，在成形过程中，钛的物理特性受杂质的影响非常大。其中，使其脆化最严重的杂质是氢，接下来是氧和氮。成形后，为了防止其变脆，一定要进行酸洗或者在控制条件下进行热处理。

钛金属价格很高，大约为铝合金的5～10倍。过去，其加工成本也比铝合金高得多。随着科技的发展，目前其加工成本已得到很大控制。

（5）复合材料

复合材料是由两种或多种材料复合而成的，属于多相材料。复合材料由纤维增强材料和基体材料构成，基体材料将纤维增强材料连接起来获得很好的物理特性。

复合材料一般采用模压成形，整个过程可以在室温条件进行，也可以在高温高压下获得更好的强度和质量。

纤维增强复合材料具有优异的比强度。而且，可以根据预定承受的载荷来设计材料在不同方向的力学特性（即所谓结构剪裁）。这些特性使其非常适合于航空结构。

2.3.3　飞机机体结构的特点以及典型结构形式

通过对飞机使用特点和结构设计要求的分析，就容易理解飞机机体主要采用框架式结构的原因——这种由纵向构件和横向构件组合形成网格状框架、外覆蒙皮的结构形式，能够最大程度地发挥结构材料的承载能力，降低结构重量。

图2-42是一种典型的机翼结构，其中纵向构件有主梁、前纵墙、后纵墙和一些桁

条，横向构件主要是翼肋，包括普通翼肋和加强翼肋，外面包覆蒙皮，形成气动外形。图 2-42 中剥去蒙皮的部分可以清楚地看出框架结构。机翼通过根部的接头与机身部分相连。

图 2-42 中的结构形式称为梁式机翼，在早期飞机和现代一些低速飞机上比较常见。

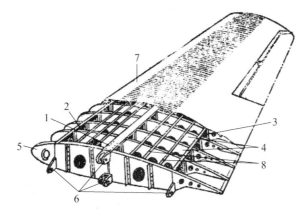

1—主梁；2—前纵墙；3—后纵墙；4—普通翼肋；5—加强翼肋；
6—对接接头；7—硬铝蒙皮；8—桁条

图 2-42　梁式机翼结构

现代高性能飞机则多采用单块式机翼结构（或称整体壁板式），如图 2-43 所示。可以看到，对于单块式结构，梁的尺寸已经不突出了，相对来说，与蒙皮相连的桁条尺寸较大，安排也比较密集，这也是称它为"整体壁板"的原因——桁条与蒙皮连接更密切，像一块整体的厚壁板。

这种结构形式的承载特性更好，结构利用率更高。但相对来说加工难度也更大。

机身的结构形式与机翼类似，主要由纵向的梁和桁条与横向的机身框组成（见图 2-44 ~ 图 2-47）。

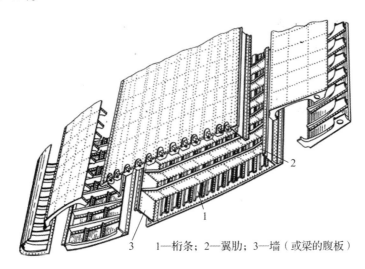

1—桁条；2—翼肋；3—墙（或梁的腹板）

图 2-43　单块式机翼结构

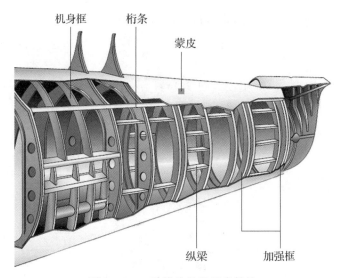

图 2-44   一种战斗机的机身结构

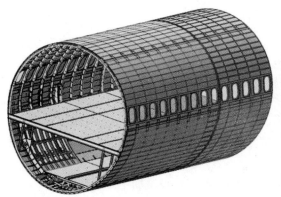

图 2-45   民用运输机机身典型结构

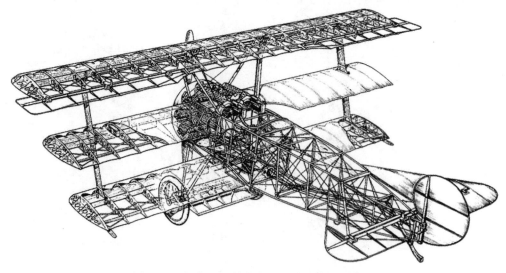

图 2-46   福克 Dr.1 战斗机（一战时期）的结构

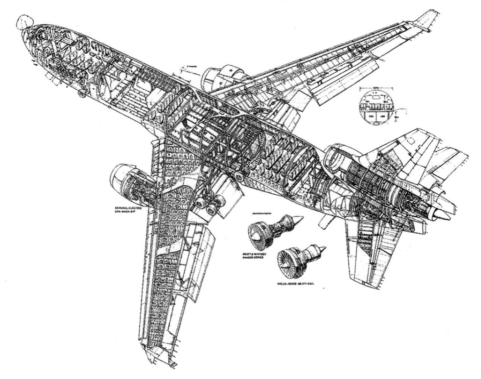

图 2-47 MD-11 客机（20 世纪 80 年代）的结构

2.3.4 起落架的形式和特点

在飞机的所有系统中，起落架处于一个比较"尴尬"的位置：对于地面停放状态和起降滑跑过程来说，它是不可或缺的；但在飞行中，它又完全没用，甚至产生增加阻力的负作用。有不少设计师考虑过取消起落架的方案，但到目前为止还没有什么显著的成果。

起落架的布置形式主要有三种：前三点式、后三点式和自行车式（见图 2-48）。

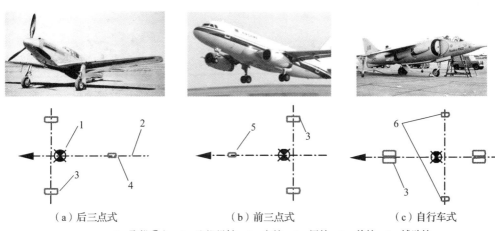

（a）后三点式　　　　　　　（b）前三点式　　　　　　　（c）自行车式

1—飞机重心；2—飞机纵轴；3—主轮；4—尾轮；5—前轮；6—辅助轮

图 2-48 起落架布置形式

（1）前三点式起落架

主轮在全机重心的后方，前轮在机头位置。由于前轮远离重心，可以允许强烈制动。在滑跑过程中，方向稳定性也比较好。飞机机身轴线与地面基本平行，飞行员视界较好，利于起降状态的操纵。

缺点是前起落架载荷较大，尺寸大，结构复杂，重量也比较大。在高速滑跑时，前轮有可能发生摆振现象，这也是个需要重视的问题。

（2）后三点式起落架

后三点式起落架，主轮位于前方，停放时机身是上仰的姿态。这样的布置易于安装机头螺旋桨及尾轮，结构简单，重量轻。因此二战及二战之前的飞机，大多采用这种形式。后三点式起落架布局在着陆时迎角比较大，利于减速。

但这种起落架布局在地面滑跑时稳定性不好。大速度滑跑时，如果遇撞击或强烈制动，飞机容易倾覆。另外，由于机身扬起，飞行员向下方的视界不好。

（3）自行车式起落架

顾名思义，自行车式起落架的布置类似于自行车，机轮前后串列布置，前后轮距全机重心的距离差不多，承受的载荷也差不多（通常后轮的承载比例稍大一些）。

这种布置形式常用于机翼较薄（机翼内部没有足够空间布置起落架舱），或上单翼（起落架如果安装在机翼上，势必需要很长的起落架支柱）的情况，将机轮布置在机身轴线位置，起飞后收入机身。

这种形式的起落架载荷比较大；低速滑跑时，横侧方向不稳定，容易向两侧倾倒。通常需要在两侧加装辅助支撑轮。另外，起飞滑跑时迎角小，且由于后轮距重心较远，要抬头的话就需要较大的俯仰力矩，因此需要飞机具备小迎角下产生足够升力的能力。

（4）其他形式的起落架

以上列举的是常见的起落架布置，有时在特定情况下也会有一些不寻常的布置形式。

例如，B-52轰炸机，在机身下方安置了4个支柱，每个支柱有两个机轮（见图2-49）。这种布置类似于自行车式起落架。

图2-49　B-52轰炸机的起落架

安 –225 运输机的主起落架部分，两侧各有 7 个支柱，每个支柱上有两个机轮，它的前起落架也有两个支柱（见图 2–50）。主要是因为安 –225 的总重太大（最大起飞重量超过 600t），采用多组机轮，可以增大轮胎与地面接触的面积，降低压强。

图 2–50　安 –225 的起落架

波音 747 的主起落架部分有 4 个支柱，每个支柱上有 4 轮小车式起落架（见图 2–51），这也是为了降低对跑道道面的压强。

日常见到的飞机多为陆基飞机，即在地面起降和停放，基本上都采用轮式起落架。但也有一些飞机使用非轮式起落架，如水面起降的飞机多采用浮筒式起落架或船形机身（见图 2–52），有些在冰雪区域使用的飞机会采用滑橇式起落架（见图 2–53）。直升机较多采用滑橇式起落架。

评价起降性能有一条重要的指标，就是距离。起降距离短，就意味着可以在较短的跑道上起降，使用灵活性高，也有利于降低跑道的成本。有时由于特殊情况，可用的跑道比较短，这就更需要飞机能在很短距离之内起飞和降落。

图 2–51　波音 747 的起落架

图 2-52 水上飞机的浮筒式起落架和船形机身

图 2-53 用于冰雪场地起降的滑橇式起落架

要缩短起降距离，对于起飞来说，是尽快加速到起飞离地速度；对于着陆来说，则是尽快减速到停止。因此要提升起飞性能，可以采用起飞加速器，如助飞火箭，也可采用起飞弹射器（见图 2-54）。

改善着陆性能，降低着陆距离，可以采用钢索减速装置（见图 2-55 和图 2-56）、拦阻网或减速伞（见图 2-57）。

图 2-54 航空母舰上的起飞弹射器

图 2-55　舰载机着舰时钩住跑道上的拦阻钢索

图 2-56　舰载机尾部的拦阻钩

图 2-57　SR-71 着陆时放出减速伞

第3章 飞 行 原 理

航空器的飞行主要依靠其与空气的相互作用，即所谓空气动力。气球、飞艇等是靠空气的浮力而升空；飞机、直升机等飞行器主要靠翼面或旋翼与空气的相对运动产生的空气动力飞行。

本章将简要介绍空气流动的基本规律和飞机在飞行中的升力、阻力特性，以及飞机飞行操纵控制的基本原理。

3.1 飞行环境

飞行器飞行活动所处的外部条件，称为飞行环境。飞行环境对飞行器的飞行轨迹、结构、元件、材料、性能以及作战效率等都有十分明显的影响，例如，空气的压强（压力）、密度、温度、湿度等，以及大气中的风、雨、雪、云、雾等气象现象都会影响飞行。因此，有必要对飞行环境进行充分的研究和了解。

3.1.1 大气环境

覆盖地球的空气层，即大气，包含了航空器的全部飞行环境，也是导弹和航天器的重要飞行环境。大气层没有明显的上限，它的各种特性（如密度、温度、压强等）在垂直方向上特性变化显著，例如，空气的密度和压强随着高度的增高而快速降低。在10km的高度，空气的密度相当于海平面的1/3，压强约为海平面的1/4；到了100km高度，空气的密度只有海平面的 4×10^{-7}，压强只有海平面的 3×10^{-7}。

以大气中温度随高度的分布为主要依据，可将大气层划分为对流层、平流层、中间层、热层和散逸层5个层次。航空器的大气飞行环境是对流层和平流层。

（1）对流层

对流层是地球大气中最低的一层，对流层中的气温随高度的增加而降低。对流层厚度随纬度和季节变化，一般低纬度地区平均为 16 ~ 18km，中纬度地区平均为 10 ~ 12km，高纬度地区平均为 8 ~ 9km。

对流层中汇集了全部大气约 3/4 的质量和几乎全部的水汽，是天气变化最复杂的一层，也是对飞行影响最重要的一层。空气上下流动剧烈，有水平风和垂直风，飞行中所遇到的重要天气现象几乎都集中在这一层。

（2）平流层

对流层顶之上，直到 50 ~ 55km 高度，称为平流层。这一层中气温随高度变化的规律为：在底部，随着高度增加气温几乎保持不变（这一部分旧称同温层）；到 25 ~ 30km 以上气温升高较快，到了平流层顶气温升至 270 ~ 290K。

平流层中气流平稳，基本上只有水平风而无垂直风。水汽和微尘含量少，能见度很好。这一层大约占全部大气 1/4 的质量。

（3）中间层

中间层是从平流层顶（50 ~ 55km）到 80km 高度。这一层中，气温随高度增加而下降，层顶部气温为 160 ~ 190K。

这一层约占全部大气质量的 1/3000，空气有相当强烈的垂直运动。

（4）热层

从中间层顶到约 800km 高度，称为热层。这里的气温随高度增加而上升。热层中空气密度很小，声波也难以传播。空气处于高度电离状态，会影响无线电通信。

（5）散逸层

散逸层又称逃逸层、外大气层，是地球大气的最外层，位于热层之上。这一层的空气极其稀薄，又远离地面，受地球引力作用小，因而大气分子不断地向星际空间逃逸。

3.1.2 国际标准大气

实际的大气参数随着地理位置、离地面高度和季节等变化，因而飞机的空气动力和飞行性能也会随之变化。也就是说，同一架飞机在不同的地点飞行，所展示的飞行性能是不一样的；即使同一架飞机在同一个地点飞行，当季节不同，表现出的飞行性能也是不同的。

为了有一个研究空气动力和飞行性能的统一标准，国际航空界协议提出一种"模式大气"——依据实测资料（主要基于北半球中纬度地区），用简化方式近似地表示大气温度、压强和密度等参数随高度变化的关系，称为国际标准大气（ISA）。

比较通用的国际标准大气主要包括基本假设、基准参数和变化规律三部分。

（1）基本假设

认为大气是静止的，空气是干燥洁净的理想气体，在 86km 高度以下，大气是均匀混合物，其中每种气体成分的相对体积不变，从而认为空气的平均分子量 M 是常数。

（2）基准参数

海平面高度的大气物理属性基本参数如表 3–1 所示。

表 3–1 大气物理属性基准参数

物理量	符号	数值	单位
密度	ρ	1.225	kg/m³
温度	T	288.15	K
压强	p	101325	Pa
声速	c	340.294	m/s
［动力］黏度	μ	1.7894×10^{-5}	Pa·s
标准重力加速度	g	9.80665	m/s²
气体常数	R	287.05278	J/（kg·K）

（3）变化规律

主要有大气温度随高度变化的计算公式、大气压力随高度变化的计算公式和空气密度随高度变化的计算公式。在规定初始值后，通过公式可以计算出指定高度的大气参数（见图3-1）。

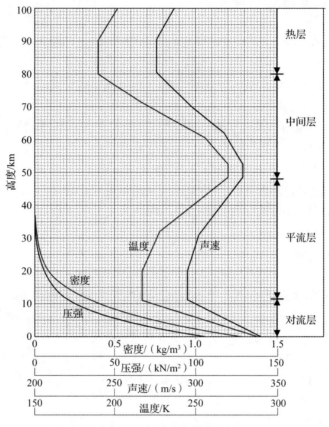

图3-1　标准大气特性图

由于不同层中变化规律不同，这些公式是分段的，例如（以下公式摘自《飞机设计手册　第1册》）：

（a）$H \leqslant 11000\text{m}$

$$T=288.15-0.0065H$$
$$p=101325 \times (1-0.225577 \times 10^{-4}H)^{5.25588}$$
$$\rho=1.2250 \times (1-0.225577 \times 10^{-4}H)^{4.25588}$$

（b）$11000\text{m}<H \leqslant 20000\text{m}$

$$T=216.65$$
$$p=22632.04 \exp [-15768.85(H-11000)]$$
$$\rho=0.3639176 \exp [-15768.85(H-11000)]$$

（c）$20000\text{m}<H \leqslant 32000\text{m}$

$$T=216.65+0.001(H-20000)$$
$$p=5474.879 \times [1+4615740(H-20000)]^{-34.16322}$$
$$\rho=0.08803471 \times [1+4615740(H-20000)]^{-35.16322}$$

（d）32000m<$H \leqslant$ 47000m

……

3.2　基本空气动力学原理

3.2.1　流体、连续介质假设和状态方程

流体是液体和气体的总称。和固体不同，流体没有确定的几何形状。把流体放在容器中，它就会贴合该容器的形状。流体的这种容易流动（或抗拒变形的能力很弱）的特性，称为易流性。

在流体中，气体和液体又有所不同。液体虽无确定的几何形状，但却有一定的体积，在容器中能够形成一定的自由表面。而气体则不同，它连体积也是不确定的，总是能够充满容纳它的整个容器。

在研究流体运动规律时，我们采用连续介质假设，即把流体看成连续的、没有间隙的、充满了它所占据的空间的连续介质。

大多数情况下，这样的假设是合适的。在地面高度，气体分子自由行程约 6×10^{-8}m，直到 40km 高度以下，都可以认为大气是稠密、连续的。随着海拔高度的增加，空气密度变小，空气分子的自由行程越来越大。到了 120～150km 高度，气体分子自由行程与飞行器相当；到了 200km 以上，气体分子自由行程有几千米。这时，研究飞行器与空气的相互作用时，就不能再应用连续性假设了。

由于采用了连续介质假设，在分析流体运动时，要取一小块微元流体作为分析对象，这块微元流体称为流体微团。根据连续介质假设，可以把流体介质的一切物理属性，如密度、速度、压力等都看作空间的连续函数，因而在解决流体实际问题时，就可以使用数学分析这个有力的工具来处理。

流体的状态参数是指它的密度 ρ、温度 T 和压强 p。流体的密度 ρ 是指流体所占空间内，单位体积中所包含的质量，单位为 kg/m³。流体温度 T 是流体分子运动剧烈程度的指标，热力学单位是 K。流体的压强 p 指垂直作用在单位面积上的压力，单位为 N/m² 或 Pa。

对于一定量的气体，它的压强 p、密度 ρ 和温度 T 等三个参数就可以决定它的状态。它们之间的关系可以用气体的状态方程表示

$$p = \rho R T \tag{3-1}$$

式中，R 为气体常数，各种气体的气体常数是不同的。当 p=101325Pa，T=293.15K 时，R=287.053m²/（s²·K）。

空气状态参数，特别是空气密度随着高度的变化，会影响到作用在飞机上的空气动力，也会影响发动机产生的推力。

3.2.2　流体的可压缩性、黏性和传热性

对物体施加压力，物体的体积会改变。更确切地说，具有一定质量物体的体积或密度

随压力变化而改变的特性，叫作可压缩性（或称弹性）。

压缩性的大小通常可以用体积弹性模量来衡量，定义为产生单位相对体积变化所需的压力增高值，即

$$E = -\frac{dP}{dV/V} \qquad\qquad (3\text{-}2)$$

式中，E 为体积弹性模量，P 为压力，V 为体积。

各种物质的体积弹性模量不同，因此各种物质的压缩性也不同。固体基本上可以认为是不可压缩的。液体的体积弹性模量都比较大，对于大多数工程应用来说，可以认为液体是不可压缩的。

而气体的体积弹性模量相当小，在通常压力下，空气的体积弹性模量只相当于水的 1/20000，因此空气的密度很容易随着压力的改变而变化，也就是说，空气具有压缩性。

在研究飞行问题时，飞机与空气的相互作用会导致空气压力的变化，进而影响空气的密度。但在飞行速度（飞行器与空气的相对速度）比较低时，压力引起的密度变化很小，可以不考虑空气的压缩性的影响。

声速 c 是指声波传递的速度。在流体中声波是以疏密波（压缩波与膨胀波相间）的形式传播的。飞机在空气中飞行时，在它周围的空气中也会产生疏密波，或称小扰动波，它的传播速度也是声速。

声波在不同的流体中传播的速度不同，例如，在水中声速约为 1440m/s，在海平面标准大气状态下空气中声速为 340m/s，而在 12km 高空标准大气状态下空气中声速为 295m/s。由于水的可压缩性很小，而空气很容易被压缩，所以可以推论：流体的可压缩性越大，声速越小；流体的可压缩性越小，声速越大。声速 c 可以作为压缩性的指标。

在大气中，声速的计算公式为

$$c = 20\sqrt{T} \qquad\qquad (3\text{-}3)$$

式中，T 为空气的热力学温度。随着高度的增加，空气的温度是变化的，因而声速也是变化的。这说明空气的可压缩性也是变化的。

黏性是流体的另一个重要物理属性。流体流动过程中，如果有两层速度不同，也就是说两层之间有相对运动，那么在流体内部就会产生切应力，这种性质称为流体的黏性。提示一下：处于静态的流体不会表现出这种切应力，所以静态的液体受到切向力时不会抵抗，而是随之变形；但运动状态的流体内部是可以产生剪切力的。这是流体的一个特殊性质，空气动力学中的许多特性发源于此。

还有一个有趣的现象：通常，随着温度的增高，液体的黏性会越来越小（例如，糖浆或蜂蜜加热后会变得不太黏稠，容易搅动）；而温度越高，气体的黏性会增加。这是与它们产生黏性的物理本质相关的，本书中不作深入讨论，读者将会在流体力学的学习中研究这些特性。

流体的传热性也是一个重要的物理属性。当流体中沿某一方向存在着温度梯度时，热量就会由温度高的地方传向温度低的地方。导热系数（热导率）的数值随着流体介质的不同而不同。空气的导热系数为 2.47×10^{-5} W/（m·K）。由于空气的导热系数很小，当温度梯度不大时，可以忽略空气的传热性对流动特性的影响。

3.2.3 马赫数和雷诺数

研究飞行问题时，经常会用到两个参数：飞行马赫数（Ma）和雷诺数（Re）。

飞行马赫数的定义为

$$Ma=v/c \tag{3-4}$$

式中，v 是远前方来流的速度，c 是当地（所研究区域）声速。马赫数 Ma 是两个速度之比，是无量纲（量纲为一）量。马赫数表征了空气可压缩性影响的大小。这里要强调的是空气可压缩性的影响的大小。从定义中可以看出：v 是远前方来流的速度，或者说是飞机飞行的速度，它表征了飞机作用于空气的扰动的大小；而 c 是当地声速，表征了空气压缩性的大小。两者相比，表明空气特性变化的程度。

通常以 Ma 的大小来划分飞行速度范围，当 $Ma \leqslant 0.3$ 时，称作低速流动。这种情况下，空气被压缩的程度很小，可以不考虑压缩性的影响，即可以将空气当作不可压缩流体来进行分析。

当 $0.3 < Ma \leqslant 0.85$ 时，为亚声速流动；$0.85 < Ma \leqslant 1.3$ 时，为跨声速流动；$1.3 < Ma \leqslant 5$ 时，为超声速流动；$Ma > 5$ 时，为高超声速流动等。

雷诺数 Re 的定义为

$$Re = \frac{\rho v l}{\mu} \tag{3-5}$$

式中，ρ 是当地的空气密度；v 是流动速度；μ 是当地空气的［动力］黏度（旧称动力黏性系数）；l 是飞机的特征尺寸，可以选取飞机机身长度，也可选取机翼的平均气动弦长。雷诺数 Re 也是无量纲量，它表示空气黏性的影响，Re 越小，空气黏性的作用越大；Re 越大，空气黏性的作用就越小。

3.2.4 流体的模型化

在研究具体的流动问题时，如果把流体所有的物理属性都考虑进去，将会使问题变得非常复杂，甚至方程不可解。所以在面对实际问题时，可以根据问题的特点进行相应的简化，得出不同的流体模型，同时也对应着空气动力学中不同的研究方法。

（1）理想流体

理想流体即不考虑黏性的流体模型。在这种模型中，忽略流体的黏性力作用。

忽略黏性作用的气体称为理想气体。不过，在研究阻力问题时，忽略黏性影响往往会带来较大的误差。

（2）不可压流体

不可压流体即不考虑压缩性或弹性的模型。可以认为，研究对象的体积弹性模量为无穷大，或者密度为常数。对于气体，在特定情况下也可按不可压流体来处理，这样可以使问题的求解大大简化。

对于速度（马赫数）比较低的气体，其压缩性的影响很小，在工程中完全可以按不可压流体来处理。

只考虑压缩性影响，但不考虑黏性的影响，就得到可压缩理想流体模型；与此相对应，还有不可压黏性流体模型。

（3）绝热流体

不考虑流体的热传导性，即得到绝热流体模型。在高速流动中，在温度梯度不大的地方，气体内部各部分之间的热量传递是很微小的，这时忽略热传导对流动特性的影响不大。

3.2.5 相对运动原理

假设飞机在静止的大气中（无风状态）作等速直线飞行，如果在空中某个固定的位置有一个观察者（如乘坐在高空气球上），那么他看到的现象是：飞机以速度 v 运动，扰动周围的空气，而运动起来的空气同时在飞机表面产生空气动力。

而如果观察者就坐在飞机上，观察到的将是另一种情形：远前方的空气以速度 v 流向静止不动的飞机。远前方的空气流过飞机时，空气的速度和压强都将发生变化，而产生空气动力。

由这个例子可以看出，作用在飞机上的空气动力不因观察者的角度不同而发生变化。无论飞机在静止的空气中运动还是空气流过静止的飞机，只要两者的相对速度相等，飞机上所受的气动力就完全相等。这个原理称作"相对运动原理"。

相对运动原理为试验研究和理论研究都带来了很大的方便，广泛应用于航空、航天、航海以及交通运输等领域，例如，风洞试验就是建立在这个原理的基础上的。

3.2.6 质量守恒与连续方程

根据质量守恒定律，在定常流动中，一定质量的流体流过截面变化的管道时，在同一时间段内，流过任何截面的流体的质量都是相等的。

在图 3-2 的流动中，取两个位置 1 和 2，对应流管截面积为 A_1 和 A_2，则单位时间流过两个截面的流量质量分别为 $q_{m1}=(A_1v_1\rho_1)$，$q_{m2}=(A_2v_2\rho_2)$。根据前述的质量守恒定律，质量既不可能凭空产生，也不可能自行消失，有 $q_{m1}=q_{m2}$，将这个式子展开：

$$A_1v_1\rho_1=A_2v_2\rho_2 \tag{3-6}$$

这就是流体流动的连续方程。

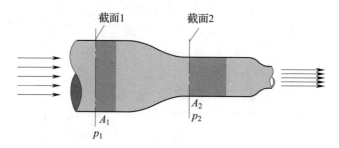

图 3-2 气流在不同管径中流速的变化

对于不可压流体，密度不变，即 $\rho_1=\rho_2=$ 常数。式（3–6）变为

$$A_1v_1=A_2v_2 \qquad (3-7)$$

这就是不可压流的连续方程。它表明，流管截面变小，则流速增大；反之，流管截面变大，则流速减小。

3.2.7　伯努利定理

伯努利定理是研究空气动力学的基本定理之一，它是基于能量守恒思想的。伯努利定理的推导过程比较复杂，涉及的物理概念较多，此处我们直接给出结论

$$p+\frac{1}{2}\rho v^2=p_0= \text{常量} \qquad (3-8)$$

式中，p 为当地的静压，$\frac{1}{2}\rho v^2$ 为动压，p_0 为总压。对式（3–8）作处理：两边同时乘以截面面积 A 和此处的流速 v，有

$$pvA+\frac{1}{2}\rho vAv^2= \text{常量} \qquad (3-9)$$

压强乘以面积为压力，速度即单位时间流过的距离，所以 pvA 就是压力单位时间所做的功；ρvA 是质量（前面讨论连续方程时这样处理过），所以 $\frac{1}{2}\rho vAv^2$ 即为 $\frac{1}{2}mv^2$，即动能。由此可以看出，伯努利定理表达的是流体的能量守恒性质。

其实，对于流体来说，还有势能和内能。对于飞机飞行时的空气动力问题，由于高度变化不大，所以势能变化也很小；而对于理想不可压流体，内能是不变的，因此在式（3–9）中忽略了这两项。虽然这会带来一些误差，但大大简化了问题的求解。

由伯努利定理可以推导出，不可压定常流动时，流速小的地方压强大，而流速大的地方压强小。

图 3–3 是一个展示性的试验，左图是没有空气流动的状态。当空气静止时，在试验管道的各个截面的压强都一样，所以各个测压管中压强指示剂的液面高度都一样。

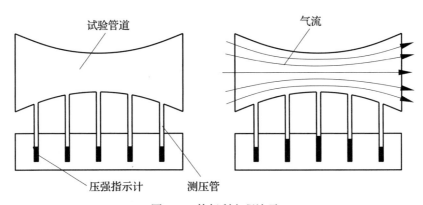

图 3–3　伯努利方程演示

图 3–3 的右图是空气流动的状态，当空气稳定、持续地流过试验管道时，由于截面面积大的地方流速低，截面面积小的地方流速高，而流速低的地方压强高，流速高的地方压强低，压强指示计的液面高度也与压强同步变化。

伯努利方程的推导过程中做了一些简化，因此它的应用是有条件的，它只适用于：①理想流体；②不可压缩流；③定常流动；④在所考虑的范围内，没有能量的交换；⑤在所考虑的范围内，没有物质交换。

3.3 飞机的几何描述

飞机的机翼是产生升力的主要部件，飞机气动设计中有很大一部分精力集中在机翼设计方面。机翼的几何参数主要包括剖面形状和平面形状。

3.3.1 翼型

翼型对于飞机的性能有着重要的影响，它对飞机的巡航速度、起飞着陆距离、失速速度、操纵品质（尤其在接近失速时）和飞行中的气动效率都着直接的影响。

图 3-4 展示了多种翼型，左侧一列是早期的翼型，包括莱特兄弟飞机所用的翼型和布莱里奥飞机翼型。

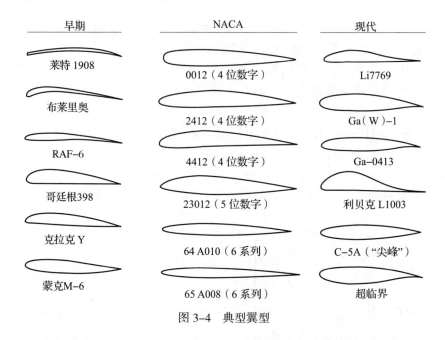

图 3-4　典型翼型

图 3-4 中间一列是 NACA 翼型，在 20 世纪 30 年代，NACA 研究出广为应用的 4 位数字系列翼型，用数学方法精确定义其形状。编号中的第一位数字代表弯度的百分比，第二位数字指最大弯度的位置，最后两位数字表示了翼型最大相对厚度的百分比。NACA 4 位数字系列翼型现在已很少用在机翼设计中，不过无弯度的 4 位数字翼型依然广泛用于亚声速飞机的尾翼。后来还有 5 位数字翼型和 6 系列翼型，翼型的设计更有针对性，在设计状态可以获得更好的气动性能。

图 3-4 最右侧的一列是所谓"现代"翼型（说是"现代"，其实也已"颇有年岁"了），由于计算机技术的发展和设计技术的提高，人们已经可以按照预想的压力分布来设

计翼型，设计过程更有针对性，设计结果也可获得更高的性能。这一列中的翼型，从形状上看各有特色，如 Lissaman 为人力飞机设计的翼型（Li7769）、现代运输机常采用的"尖峰"翼型、超临界翼型等。

翼型形状各具特色，那么在研究中就需要有一些定量的手段来描述它们，或者说，需要有一些几何参数来确定它们的几何特性。

翼型的主要几何参数如下（见图 3–5）。

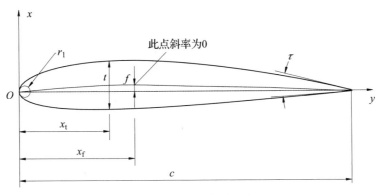

图 3–5　翼型几何参数的定义

①几何弦长 c

连接前缘和后缘的直线称为翼型的弦线，翼弦的长度为几何弦长，简称弦长。弦长 c 经常作为翼型几何参数的一个基本参考。

②厚度 t

上下翼面间距离的最大值定义为翼型厚度，一般表述时除以弦长，表达为相对值。

③最大相对厚度位置 x_t

翼型最大相对厚度处距前缘的距离，也是除以弦长，无量纲化为百分比。

④中弧线

翼型厚度中点的连线。

⑤弯度 f

中弧线与弦线的最大距离称为最大弧高，它表征翼型的弯曲情况，故将其定义为翼型弯度，也是除以弦长，无量纲化为百分比。

如果弯度为零，说明中弧线是一条直线（与弦线重合），翼型为对称翼型。

⑥最大弯度位置 x_f

翼型最大弯度位置到前缘的距离，同样除以弦长，无量纲化为百分比。

⑦前缘半径 r_1

对于圆头翼型为前缘点处的曲率半径。在超声速气流中使用的翼型通常采用尖前缘或近乎尖锐的前缘，以减小激波阻力。

⑧后缘角 τ

后缘角是上下表面在后缘处切线的夹角（也有定义为夹角的 1/2）。

图 3–5 画出的是 NACA 的 4 位数字翼型——NACA 2412，它的厚度是 12%，弯度是 2%，最大弯度位置在 40% 弦长处。

3.3.2　机翼平面几何参数

机翼平面形状是指飞机机翼在水平面投影的形状，基本类型有直机翼、后掠翼和三角翼等，在本书第 2 章 2.2.2 节中已有介绍。这里简要介绍描述机翼平面形状的几何参数。

描述机翼平面形状，一般采用"参考机翼"的概念，如图 3-6 所示。注意，这个参考机翼其实是假想的，左右机翼向内延伸到机身的中线，而且简化了一些边角、修形、附属物等细节。

机翼的几何参数（见图 3-7）主要有：机翼面积、翼展、展弦比、梯形比、后掠角等。

①机翼面积 S，参考机翼在水平面上的投影面积。

②翼展 b，机翼左右翼尖之间的距离。

③翼弦 c，指机翼在给定展向位置，平行于机身中心线方向的翼剖面的弦长。

④平均几何弦长 c_{av}，机翼弦长的几何平均值。对于简单的梯形机翼，可以用翼尖弦长 c_1 与翼根弦长 c_0 取平均值，即 $c_{av}=(c_0+c_1)/2$；如果机翼平面形状比较复杂，则可用机翼面积除以翼展得到，$c_{av}=S/b$。

⑤展弦比 A，翼展 b 与平均几何弦长 c_{av} 的比值，$A=b/c_{av}$ 或 $A=b^2/S$。

图 3-6　参考机翼

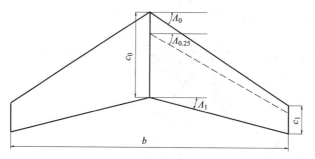

图 3-7　机翼平面几何参数

⑥后掠角 Λ，机翼与机身轴线的垂线之间的夹角。根据特征线的不同，有几种后掠角：前缘后掠角，一般用 Λ_0 表示；后缘后掠角，用 Λ_1 表示；1/4 弦线后掠角，用 $\Lambda_{0.25}$ 表示。如果不特别指明，后掠角通常是指 1/4 弦线后掠角。

⑦梯形比 η，是翼尖弦长 c_1 与翼根弦长 c_0 的比值，$\eta=c_1/c_0$。这个参数有多个不同的说法，如梢根比（或根梢比）、尖削比、锥度比等，但概念并不混淆。

除此之外，机翼在安装时还可能带有上反角和安装角（见图 3-8），这两个属于机翼安装参数。

上反角，指飞机前视图上，机翼基准线（机翼翼弦平面或下表面）与飞机对称面法线之间的夹角，用 Γ 表示。上反为正，下反为负。

安装角，指机翼翼根弦线与飞机纵轴所在水平面之间的夹角，一般用 Φ_W 表示（见图 3-9）。

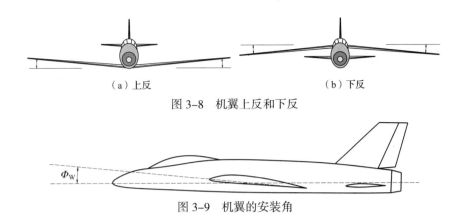

（a）上反　　　　　　　　　　　　（b）下反

图 3-8　机翼上反和下反

Φ_W

图 3-9　机翼的安装角

3.4　飞机飞行中的空气动力

3.4.1　升力

关于升力是如何产生的这个问题，目前有多种解释，但每种解释都有难以让人满意的地方，本书不展开讨论。在此我们仅介绍一种普遍的、最常被引用的解释。

如图 3-10 所示，当气流流过机翼（翼型）时，机翼上表面的流线变密，流管变细，意味着这里的流动速度变快；下表面相对平坦，流线变化不大（与远前方流线相比），因而此处流速变化不大（可能略有增大，也可能减小）。

根据伯努利定理，机翼上表面气流速度增大，故而压强减小；下表面流速变化不大，所以压强基本不变。上下表面的压强差即表现为升力 L。这种说法大概是最广为流传、广为接受的了，但它其实说的是现象，飞行中的机翼上下表面确实有这样的流速分布和压强分布。但为什么这样，还是没有解释。

升力产生的机理确实是个难题，而且据我们现在的认识，不同飞行体（包括飞行生物）的升力机制还各有不同。这方面的研究还在逐步深入，感兴趣的读者可以关注、探索。

虽然对机理认识还有待深入，但人们在研究过程中发现了很多现象和规律，可以用来指导工程实践。此处简单介绍一些与飞行相关的内容。

（1）迎角

迎角（angle of attack，AoA）定义为机翼翼弦与相对气流方向之间的夹角（见图 3-11）。

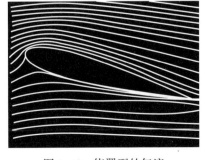

图 3-10　绕翼型的气流

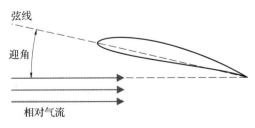

图 3-11　迎角的定义

注意，这里的要素是"翼弦"和"相对气流方向"。迎角与飞机的姿态角是不同的（见图3-12），飞机在抬头姿态时，也可以处于负迎角；低头姿态时，也可以是正迎角。

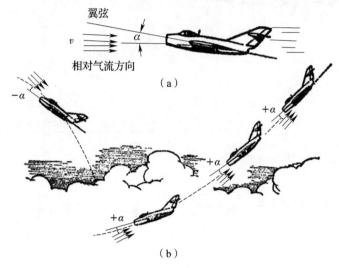

图 3-12　迎角与姿态

（2）不同迎角对应的压力分布

当迎角变化时，机翼上下表面的压力分布也随之变化（见图3-13）。一般说来，在零升迎角附近，上下表面都是负压（吸力）；在小迎角范围内，随着迎角的增大，上表面负压强度增大，下表面逐渐变为正压，因而机翼的升力增大。当迎角增大到一定程度，上表面的气流无法保持附着，导致失速。

（3）升力特性曲线

翼型或机翼的升力特性可以用一条曲线表示，称为升力特性曲线，或 C_L—α 曲线（早期曾按苏联的符号体系称为"C_y—α 曲线"），它是表征升力系数 C_L 与迎角 α 之间关系的曲线。图3-14是一条典型的升力特性曲线，从中可以看出一些特征：

①迎角为0°时，升力系数并不为0（表明这是带正弯度的翼型）；

②C_L=0 的迎角（称为零升迎角，用 α_0 表示）一般为负值（0° ~ -4°）；

③当迎角比较小时，C_L—α 曲线基本上是直线段（线性关系）；

④升力系数有一个最大值 $C_{L,\max}$，在接近最大值 $C_{L,\max}$ 之前曲线上升的趋势就已减缓。

（4）失速

通常，机翼的升力与迎角成正比。迎角增大，升力随之增大。但是，当迎角增大到某一值时，则会出现相反的情况，即迎角增大升力反而急剧下降，这个迎角就称为临界迎角。

当机翼迎角超过临界点时，流经上翼面的气流严重分离，形成大量涡流，升力大幅下降，阻力急剧增加。飞机减速并抖动，各操纵面传到杆、舵上的外力变轻，随后飞机下坠，机头下俯，这种现象称为失速。如图3-15所示，其中图（a）为正常流态，气流附着于机翼表面，图（b）为大迎角下气流分离的状态。

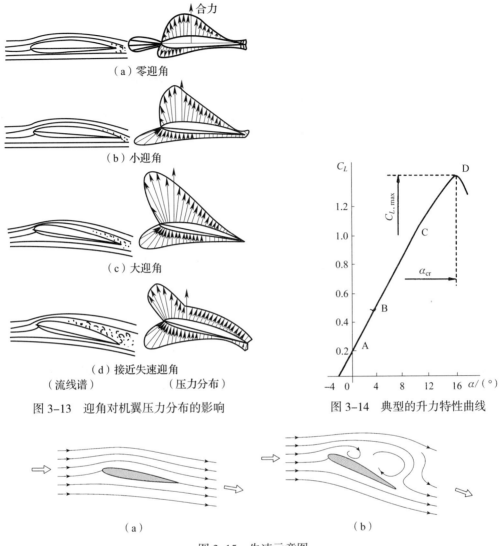

（a）零迎角

（b）小迎角

（c）大迎角

（d）接近失速迎角

（流线谱） （压力分布）

图 3-13 迎角对机翼压力分布的影响

图 3-14 典型的升力特性曲线

（a）

（b）

图 3-15 失速示意图

（5）调节升力的方法

前面说过，对于机翼来说，增大迎角可以增大它的升力。除了这个方法，增加翼型弯度也可以增大升力。也就是说，调整迎角或弯度都可以改变升力的大小。图 3-16 显示出翼型弯度对升力特性曲线的影响：对称翼型在 0° 迎角时，升力为零；当弯度增大时，曲线整体上移，零度迎角对应的升力系数增大，零升迎角也向左方移动。随着弯度的增大，最大升力系数也会增大，但失速迎角减小。

对于一个完成制造的机翼，改变翼型弯度是比较困难的（近年来有不少变形机翼或变体飞机方面的研究，希望将来的飞机能够灵活地改变形状），但可以在机翼的后缘或前缘安装可以偏转的操纵面，通过操纵面的动作来改变机翼的弯度，从而达到调整升力的目的。飞机上的主要操纵面都是基于这样的原理，如升降舵、方向舵、副翼等。主要的增升装置（又称辅助操纵面）襟翼，也是基于这个原理。

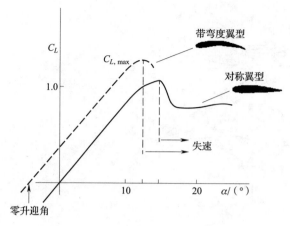

图 3-16 改变弯度对升力特性的影响

图 3-17 中展示了舵面偏转对压力分布的影响，图（a）是舵面没有偏转，即基本翼型的压力分布；图（b）是舵面向下偏转，即翼型弯度增大，可以看出翼面上方和下方的压强值都变大了，也就是说，整个机翼的升力增大了。

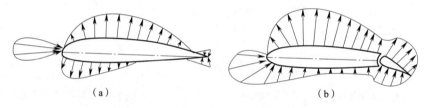

图 3-17 舵面偏转对压力分布的影响

襟翼是一种增升装置，它的作用是增大机翼的升力系数，使飞机在起飞、降落等低速飞行的状态下，仍能获得足够的升力。襟翼按形式可以分为许多种，如只有一个可偏转舵面的简单襟翼，带滑轨可后退的富勒襟翼，展开后与机翼主体留出缝隙的开缝襟翼，甚至还有双缝、三缝等结构复杂的襟翼（见图 3-18）。

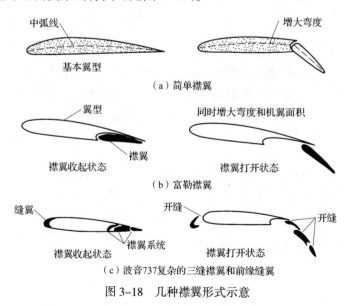

图 3-18 几种襟翼形式示意

3.4.2　阻力

相比于升力来说，阻力的分类就比较复杂了。根据阻力产生的机理，可以将它分成许多种，例如，摩擦阻力、压差阻力、干扰阻力、诱导阻力和激波阻力等。

（1）摩擦阻力

摩擦阻力是由空气的黏性造成的。当飞机在空气中运动时，会有一部分空气黏附在机体表面，随着飞机一起运动。驱使这部分空气改变其运动状态的力是由飞机提供的，根据作用与反作用定律，受驱动的空气会给飞机一个相反的力，这个力与飞机的运动方向相反，阻碍飞机运动，因此是阻力。

摩擦阻力与机体表面质量有关，表面越光滑，阻力会越小。它还与机体的形状有关，这个影响是通过流场状态表现出来的，主要是影响边界层的状态，例如，层流边界层的摩擦阻力比较小，而湍流边界层的摩擦阻力会大得多。这方面内容涉及较深的空气动力学知识，此处不做详细讨论。

（2）压差阻力

压差阻力是由于运动着的物体前后所形成的压强差所产生的，它同物体的迎风面积、形状，以及在气流中的位置都有很大的关系（见图 3-19）。

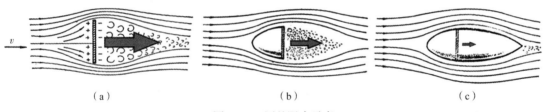

（a）　　　　　　　　　　（b）　　　　　　　　　　（c）

图 3-19　压差阻力示意

图 3-19 中，图（a）是一块平板，垂直于气流方向。在面对气流的一侧，气流受阻，因此是一个高压区；而背对气流的一侧，由于气流绕过平板发生分离，从而形成一个湍流区（由许多不规则的旋涡组成），这是一个低压区。前方高压区与后方低压区的压力差，表现为向后推动平板的力，即阻力。

压差阻力与物体的形状关系很大，图 3-19（b）中，在平板前面加上流线型的罩子，虽然整体的体积变大了，但物体前方的高压区有了很大的缓解，后方的低压区也有所改善，因此总的阻力是减小的；在图 3-19（c）中，在后方也加上整流罩，进一步减弱了后方的气流分离，降低了后方低压的强度，使得总阻力大幅降低。

一般来说，对于同样迎风面积（垂直于气流方向的截面面积）的物体，如果以图 3-19（c）中形状对应的阻力为 1，则图 3-19（b）中形状对应的阻力约为 5，图 3-19（a）中垂直平板对应的阻力为 20 ~ 25 的量级。可以看出，为了减小压差阻力，需要尽量使物体外形接近流线型。

（3）诱导阻力

诱导阻力是机翼上的阻力，它是伴随着升力的产生而产生的，所以又称为升致阻力。

造成诱导阻力的主要因素是机翼的三维效应。我们知道，飞机机翼在产生升力时，下翼面区域的压强高于上翼面区域，两者的压力差作用在机翼上，即表现为升力。由于机翼的展长是有限的，在翼尖附近，空气是在作三维运动，下方高压区的空气会向上方低压区流动，形成绕翼尖的旋转流动，即翼尖涡，如图 3-20 所示。

图 3-20　翼尖涡

在翼尖涡的作用下，流过机翼的气流向下偏转一个角度 ε（即"下洗"），如图 3-21 所示。根据空气动力学基本原理，升力的方向与气流方向垂直，所以升力的方向也随之向后倾斜 ε 角度，在飞行方向上就产生了向后的分力，即阻力。这部分阻力完全是伴随着升力产生的，没有升力也就没有诱导阻力。

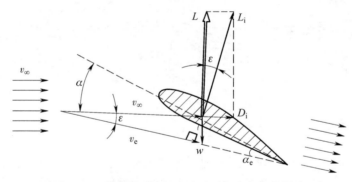

图 3-21　翼尖涡造成的下洗及对气流方向的影响

诱导阻力同机翼的平面形状、剖面形状、机翼展弦比有关。在同样的条件下，椭圆形机翼的诱导阻力最小。这也是一战期间的战斗机普遍采用椭圆形机翼的原因。

（4）干扰阻力

干扰阻力是在飞机各部件连接的位置，由于部件相互影响干扰流场，从而产生的一种额外阻力。

如图 3-22 所示，在机身和机翼交接的位置，由于机身和机翼的截面形状都是以"小 - 大 - 小"规律变化的（流线型），因而在这个区域的气流通道的截面是"大 - 小 - 大"变化的，即气流通道先收缩（图中 C 点），然后再扩张（图中 B 点）。空气从 C 点流向 B 点的过程中，由于流道截面扩张，速度逐渐降低，而压强逐渐增大，形成逆压梯度（即越往前流动，压力越高）。逆压梯度分布使得气流很容易分离产生湍流，从而产生附加的阻力。

对外形变化剧烈的位置进行局部整流，可以降低干扰阻力。

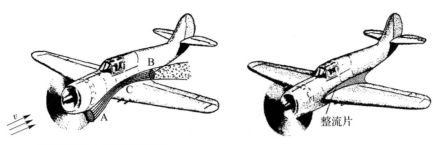

机翼和机身之间的气流通道
导致逆压分布，造成干扰阻力

图 3-22　干扰阻力示意

（5）激波阻力

当飞行速度达到或超过声速时，会产生激波。

飞机在空气中飞行时，会对空气造成扰动，这种扰动属于弱扰动。气体中的弱扰动是以当地声速向四周传播的（见图 3-23）。当飞行速度低于声速时，扰动传播速度比飞行器飞行速度大，所以扰动不会集中起来，整个流场的流动参数（包括速度、压强、温度等）的分布是连续的。而当飞行速度达到或超过声速时，扰动来不及传到飞行器的前方，造成飞行器前方的气体受到的扰动积聚起来，形成集中的强扰动，这时出现一个压缩过程的界面，称为激波。

空气经过激波面，压强、密度、温度等会突然升高，流速则突然下降。对于飞行器来说，会受到很大的阻力，即激波阻力。

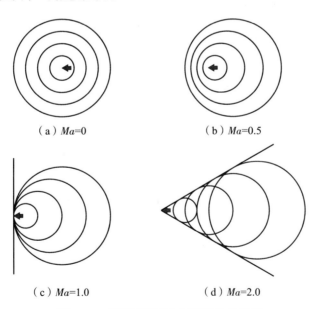

（a）$Ma=0$　　　　　　　（b）$Ma=0.5$

（c）$Ma=1.0$　　　　　　（d）$Ma=2.0$

图 3-23　不同速度下空气弱扰动的传播

除了以上介绍的阻力，还有一些其他的阻力。另外，关于阻力的分类法也有许多种，各种分类法之间或有重叠交叉，这方面尚无公认、统一的标准。读者在阅读专业文献时需要注意定义方面是否有不同。

总地来说，飞机的阻力可以分为两大类：一类是与升力相关的，称为升致阻力或诱导阻力；另一类是与升力无关、只要飞机运动就会产生的，称作零升阻力。

3.4.3　空气动力系数

飞机飞行中所受到的空气动力（简称气动力或气动），如升力和阻力，与飞机的尺寸相关，也与飞行速度相关，容易推想，还与空气的密度相关。这样，在评价一架飞机的气动特性或对比几种飞机的气动特性时，势必需要界定多种因素，既不方便也不直观。为了便于评估飞机的气动特性，引入空气动力系数的概念。

最常用的升力系数和阻力系数的定义如下。

升力系数

$$C_L = \frac{L}{\frac{1}{2}\rho V^2 S}$$

阻力系数

$$C_D = \frac{D}{\frac{1}{2}\rho V^2 S}$$

式中，C_L 和 C_D 分别是升力系数和阻力系数，L、D 分别为升力和阻力；分母项中，ρ 为当地空气密度，V 是飞行速度，S 为机翼参考面积；组合项 $\frac{1}{2}\rho V^2$ 称作动压，它表征了单位质量流体的动能。

其他气动力系数的定义方法与此类似。

3.5　飞机的操纵和稳定

3.5.1　力矩特性

我们在研究飞机的飞行轨迹时，可以将飞机看作一个质点；但如果研究飞机的机动与操纵问题，就必须考虑飞机的姿态，要将飞机作为一个刚体来看待，甚至有时候还得考虑飞机机体的变形。

这时飞机的平衡不但包括外力的平衡，还包括力矩的平衡。如果按飞机的机体坐标轴投影，有绕竖轴（Z 轴）的偏航力矩、绕纵轴（X 轴）的滚转力矩和绕横轴（Y 轴）的俯仰力矩（见图 3-24）。

飞机在稳定飞行状态时，所有的外力矩必须平衡，即合力矩为零。在飞行中，飞机的各个部件都会产生气动力，这些力的作用点通常不在重心位置，因而会对重心产生力矩。另外，随着飞行速度、高度和姿态等的变化，气动力的大小和作用点都会变化，因此为了保持稳定的飞行，需要有调节力矩的部件。

飞机上的多种操纵面就是调节力矩平衡的部件。例如，平尾（升降舵）可以调节俯仰力矩，垂尾（方向舵）调节偏航力矩，机翼两端的副翼调节滚转力矩。

这里的"调节"有两层意义：一是获得平衡，即所谓配平；二是改变平衡，即所谓操纵。

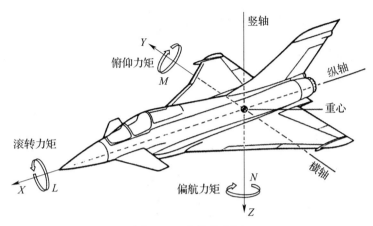

图 3-24　飞机的力矩

3.5.2　飞机的操纵

早期飞机操纵系统比较简单，一般只有升降舵、方向舵和副翼（见图 3-25）。升降舵位于平尾后方，操纵飞机的俯仰姿态（抬头、低头），方向舵位于垂尾后方，操纵飞机的偏航（左转或右转），副翼为两片，位于机翼两边靠外侧的位置。两片副翼偏转时方向相反，如左副翼上偏，则右副翼下偏，产生向左滚转的力矩。

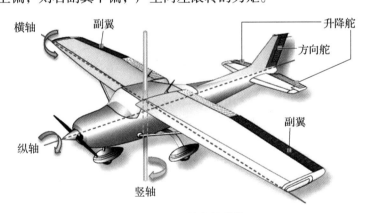

图 3-25　飞机的主操纵舵面

现代飞机通常会配置多组操纵面（见图 3-26），已不仅限于传统的升降舵、方向舵和副翼等主操纵面了，各个操纵面之间也会有组合协调，以增进操纵效能（见图 3-27）。

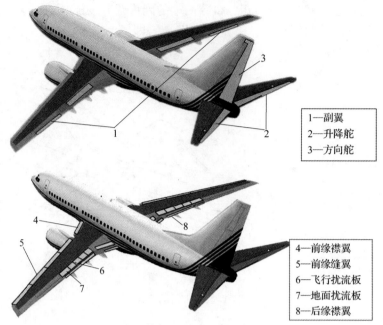

图 3-26　现代运输机的操纵面配置

1—副翼
2—升降舵
3—方向舵

4—前缘襟翼
5—前缘缝翼
6—飞行扰流板
7—地面扰流板
8—后缘襟翼

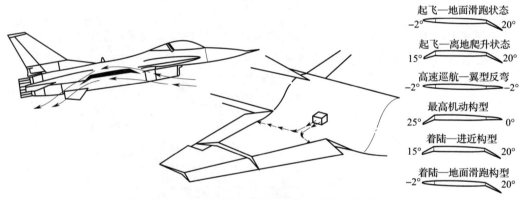

起飞—地面滑跑状态　-2°　20°
起飞—离地爬升状态　15°　20°
高速巡航—翼型反弯　-2°　-2°
最高机动构型　25°　0°
着陆—进近构型　15°　20°
着陆—地面滑跑构型　-2°　20°

图 3-27　F-16 战斗机的前缘襟翼与后缘襟副翼的配合

3.5.3　飞机的稳定性

飞机的稳定性指的是：当飞机处于一个平衡状态，如果外界扰动使其偏离平衡状态，飞机在不需要驾驶员干预的情况下，靠自身特性能否恢复到原来的平衡状态的能力。

稳定性的概念可以用一个简单的示例来说明，如图 3-28 所示，图（a）中的小球位于凹坑，如果偏离了原来的位置，在重力作用下它会回到原来的平衡位置，可以说它是稳定的；图（b）中的小球位于顶部，对它来说，如果偏离了原来的位置，在重力作用下会越走越远，不会回到原来的平衡位置，所以它是不稳定的；当然还有一种情况，如图（c），小球偏离原来位置后就停在新的位置，既不会回来也不会远离，称为中立稳定。

对于飞机来说，稳定性特性就是本来处于稳定状态的飞机受扰动后，如果飞行状态（俯仰角、偏航角、滚转角、速度等）发生改变，能否自动恢复到原始平衡状态的能力。

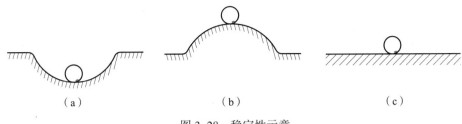

图 3-28　稳定性示意

飞机的稳定性分为静稳定性和动稳定性两个层面。

静稳定性是指飞机受扰动状态发生变化后，是否具备自动恢复到原始平衡状态的趋势，也就是说，飞机是否具有恢复力 / 力矩，使其向恢复平衡状态的方向运动。图 3-28 （a）中小球的重力就属于恢复力。

而动稳定性是指飞机受扰动后的运动过程的特性，包括是否能恢复平衡状态、恢复的时间、运动参数的变化情况等。仍以上述图 3-28（a）中的小球为例，如果小球和凹坑的壁面都很光滑，小球偏离平衡位置后，虽然会向最低点运动，但不会很快停下来，而是来回滚动，经过很长时间才能停下来。它的恢复运动是一种振荡状态，这通常是不可接受的。这是因为，它虽然具有恢复力，可是缺少消耗动能的阻尼力。如果我们希望小球能很快稳定在平衡位置，可以在凹坑中注入水，小球就会很快地停在稳定位置，这时水起到了增加阻尼的作用。

大致来说，飞机的动稳定特性要求飞机受扰动偏离平衡位置后，可以恢复平衡状态，而且恢复的过程可接受。这就需要合适的恢复力 / 力矩、阻尼，并且与飞机的质量特性有密切关系。

关于动稳定性的分析非常复杂，需要大规模的计算和大量试验，在飞机设计阶段难以实施。好在静稳定性合适的飞机，一般会具备可接受的动稳定特性。

由于大多数飞机的外形都是左右对称的，所以纵向特性和横向特性相对独立，可以分别研究。这里我们简单介绍比较重要的纵向静稳定性。

介绍纵向静稳定性之前，先要介绍一下"焦点"的概念。

焦点又叫气动中心，它是这样的一个点，当飞机的迎角发生变化时，飞机的气动力对该点的力矩始终不变。可以理解为焦点是飞机气动力增量的作用点。

焦点与重心的相对位置是决定飞机纵向稳定性的重要指标。如果焦点位于飞机重心之前，则飞机是静不稳定的；焦点位于重心之后，飞机是静稳定的。

如图 3-29 所示，当飞机处于平衡状态时（见图（a）），作用在飞机上的升力与重力平衡，两者作用点重合，同在重心位置。

当飞机受扰动或因其他原因迎角发生改变，如迎角增大，则升力增加，增加的这部分升力（升力增量）作用在焦点位置。

如果飞机的焦点在重心后方（见图 3-29（b）），升力增量对重心的力矩为低头力矩，飞机的迎角会减小，趋向于恢复到原来的平衡迎角，这时飞机就是静稳定的。

如果飞机的焦点在重心前方（见图 3-29（c）），升力增量对重心的力矩为抬头力矩，飞机的迎角会进一步增大，飞机是静不稳定的。

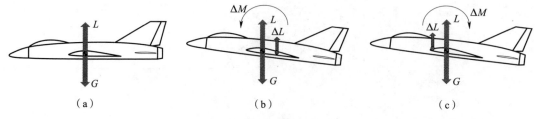

图 3-29　飞机焦点与静稳定性的关系

　　另外需要提示的是，早期设计飞机时通常要求必须具备一定的静稳定性，这样虽然提高了飞行安全性、降低了操纵强度，但会降低气动效率，降低飞机的机动性。随着飞机主动控制系统的功能越来越强大，通过机载计算机的帮助可以更好地保证飞机的稳定飞行，飞机也不一定要求必须具备静稳定性了。尤其现代高性能战斗机或特技飞机，一般会设计成中立稳定或静不稳定，可以提高总升力，减小配平阻力，并提升机动性。

3.6　飞机飞行性能

　　飞机的飞行性能主要包括基本飞行性能、续航性能、起降性能、机动性能和敏捷性等。

3.6.1　基本飞行性能

　　基本飞行性能是飞机在定常直线飞行状态所达到的性能，例如，最大平飞速度、最小平飞速度、上升率（爬升率）和升限等。
　　所谓定常运动，就是运动参数不随时间变化的运动。定常直线飞行也就是飞行参数保持常量的直线运动，因而飞机的受力是平衡的。
　　（1）最大平飞速度
　　飞机的最大平飞速度，取决于发动机的推力与飞机阻力的平衡关系。
　　随着飞行速度的增加，空气阻力随之增大。喷气发动机最大可输出的推力在低速时会随着速度而增大，但到了一定速度之后却会随着速度的增大而减小。因此，到了一定的速度之后，发动机可提供的推力小于飞行阻力，也就无法维持定速平飞了。
　　发动机最大可用推力刚好等于飞行阻力时（图 3-30 中两条曲线在右侧的交点）对应的速度，就是飞机可以保持定常平飞的最大速度。
　　另外需要指出的是，飞机在不同飞行高度所能达到的最大平飞速度是不同的，原因在于发动机的可用推力和飞机的阻力都会随着高度而变化。通常在 11km 左右高度飞行，可以达到平飞速度的最大值。
　　（2）最小平飞速度
　　在一定飞行高度上能维持飞机定常水平飞行的最小速度，称为最小平飞速度，用 V_{min} 表示。V_{min} 越小，越有利于提升飞机的起飞、着陆和盘旋性能。

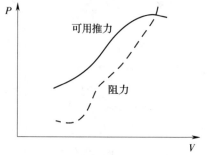

图 3-30　可用推力和阻力随速度变化规律

当飞行速度减小时，为了保持升力与重力的平衡，就需要提高升力系数。因此，可以推想，最小平飞速度的数值与最大升力系数 $C_{L,\,max}$ 相关，$C_{L,\,max}$ 的值越大，可以获得的 V_{min} 值就越小。

但一般在飞行中，为保证安全，并不使升力系数达到 $C_{L,\,max}$，而是用一个略小于此的升力系数值作为限制，以避免失速。实际上，当升力系数 C_L 达到接近 $C_{L,\,max}$ 的某一值时就会出现抖振现象，预示飞机即将失速，一般会以此作为最大可用升力系数的限制。

以上是按升力与重力平衡的条件来确定的最小速度。但在实际飞行中，维持等速平飞的条件除升力等于重力外，还需要推力等于阻力。在高空飞行时，发动机推力会大幅降低，因此最小速度还受到发动机推力的限制。

（3）爬升性能

爬升性能的指标包括爬升角、爬升率、爬升时间和升限等。

爬升角，指飞机定常直线飞行的速度方向与水平面的夹角。爬升角与飞机的剩余推力的大小有关。所谓剩余推力指的是飞机发动机可以提供的最大推力（可用推力）与飞机的阻力（需用推力）之间的差值。

图 3-31 显示了飞机定常直线爬升状态的力平衡关系。以飞行速度方向为 x 轴，x 轴与水平面的夹角为 θ，称为航迹角。飞机的阻力 D 平行于 x 轴；y 轴垂直于 x 轴，升力 L 在 y 轴方向；重力 G 垂直向下。

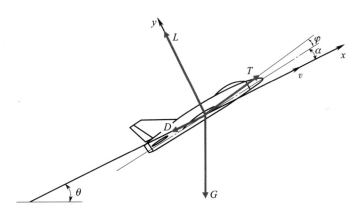

图 3-31　飞机定常直线爬升状态的力平衡关系

推力 T 则略为复杂一些，它平行于发动机的轴线。发动机安装时其轴线可能并不与机身轴线平行，而是有一个安装角 φ；飞机飞行时机体轴线（或机翼弦线）又与飞行方向有着迎角（α）关系，因此发动机推力线与 x 轴的夹角为 $\varphi+\alpha$。

由此可以得出飞机定常直线爬升状态的力平衡关系为

$$x \text{ 方向：} D=T\cos(\alpha+\varphi)+G\sin\theta$$
$$y \text{ 方向：} G\cos\theta=L+T\sin(\alpha+\varphi)$$

通过求解以上方程可以得出爬升角 θ 的值。在实际应用中，飞机的迎角 α 和发动机安装角 φ 都不会太大，可以近似认为 $\sin(\alpha+\varphi)=0$，$\cos(\alpha+\varphi)=1$，因而上述方程可以简化为

$$D=T+G\sin\theta$$

解之可得

$$\theta = \arcsin\frac{T-D}{G} = \arcsin\frac{\Delta T}{G}$$

式中，ΔT 即剩余推力。

爬升率，或称上升率，指在一定的飞行重量和一定的发动机工作状态下，飞机在单位时间内上升的高度。

需要注意，最大爬升角和最大爬升率对应着不同的状态：剩余推力 ΔT 达最大值时，可获得最大爬升角 θ；剩余推力 ΔT 与飞行速度 v 的乘积达最大值时，可以得到最大爬升率。

不同飞行高度可获得的最大爬升率和最大爬升角是不同的。以最大爬升率爬升，可以使飞机迅速上升到所需要的或有利的高度，这对战斗机尤为重要；以最大爬升角爬升，其实飞行高度增高的速度并不是最大，但航迹最陡，可以用于避障。

为了提升爬升性能，除设法减小阻力和降低飞机重量外，重要的措施是加大推力。

（4）静升限

随着飞行高度的增加，剩余推力越来越小，最大爬升率也随之逐渐减小，直至降为零。最大爬升率为零意味着飞机没有爬升能力了，即此时的高度是飞机能保持定常平飞的最大高度，称为理论静升限。

之所以冠以"理论"这个限定词，是因为在接近理论静升限之前，爬升速度已经接近于零，要达到理论静升限，理论上需要的时间为无穷大，因此它是不实用的。在实际中，一般将爬升率低至某一个数值所对应的高度定义为使用静升限。对于超声速飞机，定为爬升率降至 5m/s 时所对应的飞行高度；亚声速飞机定为爬升率降至 0.5m/s 时所对应的飞行高度。

除了上述静升限，还有动升限的概念。动升限是飞机通过跃升动作所能达到的最大高度。动升限可能会远大于静升限，但飞机在这个高度上不能维持直线平飞。

3.6.2　续航性能

续航性能指标包括航程、活动半径和续航时间。

（1）航程

航程是飞机在不加油的情况下所能达到的最远水平飞行距离。在其他条件一定的情况下，飞机的燃油量和发动机耗油率是决定飞机航程的主要因素。

（2）活动半径

活动半径，对于军用飞机也叫作战半径，是指飞机由机场起飞，到达某一空中位置，并完成一定任务（如空战、投弹等）后返回原机场所能达到的最远单程距离。飞机的活动半径小于其航程的一半，这一指标直接影响战斗机的作战性能。

（3）续航时间

续航时间是飞机耗尽其可用燃料所能持续飞行的时间。这一指标对于侦察和巡逻类飞机（如海上巡逻机、反潜机等）非常重要，留空时间越久就意味着可以更好地完成巡逻和搜索任务。

3.6.3 起降性能

飞机的每次任务都是以起飞开始，以着陆结束的。起降性能的好坏有时甚至会影响到飞行任务能否顺利完成。

飞机的起降性能可以从两个方面评估：一是起飞／着陆距离；二是起飞离地／着陆接地速度。后者除影响起飞／着陆距离外，还牵涉到起降的安全问题。

飞机的起飞过程通常由几个阶段构成：起飞滑跑—加速—抬前轮—继续加速—离地爬升—至安全高度（见图3-32）。一般，对于战斗机安全高度定为15m，对于运输为10.5m。

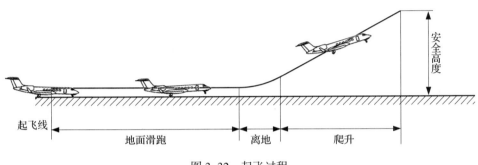

图3-32 起飞过程

在起飞阶段，由于飞行高度余量很小，遇到特殊情况回旋空间很小；加之近地面常有风切变，流场复杂，所以需要高度重视起飞阶段的安全保障。

飞机的着陆过程通常包括：飞机从安全高度下滑—拉平—平飞减速—飘落—着陆滑跑—至完全停止（见图3-33）。

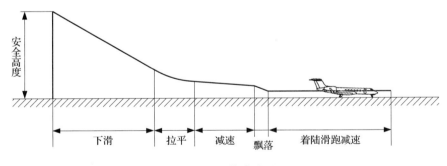

图3-33 着陆过程

飞机的起降距离，直接决定了飞机所需的跑道的长度。所需跑道越长，修建机场的成本就越高；或者从另一方面看，可供该机使用的机场越受限制，影响飞机的部署能力。

改善飞机的起降性能，从设计角度最有效的方法就是降低起飞离地和着陆接地速度。但如果设计手段效果有限，或者实际情况太苛刻时，也可以采用一些辅助手段来缩短起降距离，例如，助推火箭、弹射器，或反推力装置、阻力板、减速伞、拦阻索和拦阻网等。

3.6.4 机动性能

飞行状态（速度、高度和飞行方向）随时间而变化的飞行，称为机动飞行。飞机改变飞行状态的能力称为机动性。

机动性是评价军用飞机性能优劣的主要指标之一。飞行状态改变的范围越大，改变状态所需的时间越短，飞机的机动性就越好。

以运动轨迹区分，机动飞行可分为：铅垂面内机动；水平面内机动；三维空间机动。

铅垂面内典型的机动飞行动作有：平飞加/减速、俯冲、跃升和筋斗（见图3-34）。

水平面内典型的机动飞行动作是盘旋（见图3-35）。

空间机动飞行动作主要包括斜筋斗、战斗转弯、横滚、战斗半滚等。此外，还有过失速机动等。

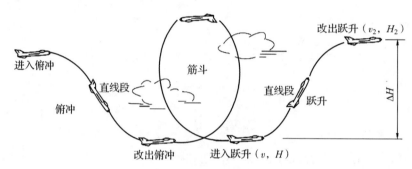

图3-34 铅垂面内机动——俯冲、跃升、筋斗

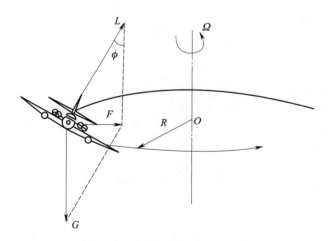

图3-35 水平面内机动——盘旋

3.6.5 敏捷性

敏捷性是近年来使用的一个概念，它是指飞机改变自身姿态的能力。敏捷性与机动性

的区别在于：机动性主要强调飞机改变运动轨迹的能力，而敏捷性则是强调对自身姿态的
控制能力，如图 3-36 和图 3-37 所示。

拥有较强敏捷性的飞机可以更快、更准确地调节自身姿态，从而更早进入攻击态势，
对于战斗机来说这是很大的优势。飞机的直接力控制技术和发动机矢量推力技术对敏捷性
的提升有很大贡献。

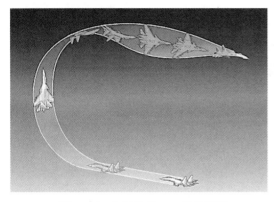

图 3-36 空间机动——战斗转弯

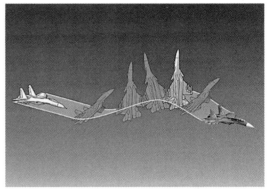

图 3-37 过失速机动——"眼镜蛇"机动

第4章 航空动力系统

4.1 航空动力系统简介

航空动力系统,又称航空推进系统,它的功能是为航空器提供动力,推动航空器前进。

航空动力系统最主要的部件是航空发动机,同时也包括为保证发动机正常工作所必需的系统和附件,如进排气系统、燃油系统、滑油系统、点火系统、起动系统、防火系统和散热系统等。

4.1.1 航空动力系统类型

按工作原理的不同,可以将航空动力系统分成直接反作用动力系统和间接反作用动力系统两大类,如图4-1所示。

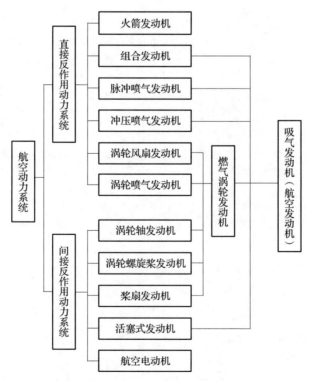

图4-1 航空动力系统分类

最常用的航空动力装置是图 4-1 中的"吸气发动机"子类，这类发动机需要从大气环境中吸入空气，因而得名。

4.1.2 动力系统原理

（1）直接反作用动力系统

在这一类动力系统中，发动机直接将工质加速，由此产生的反作用力即为推力。涡轮喷气发动机、涡轮风扇发动机、冲压喷气发动机等都属于这一类，火箭发动机的原理也是直接反作用产生动力，但它自带氧化剂，不需从外界吸入空气。

（2）间接反作用动力系统

所谓间接反作用系统，指的是发动机只输出功率，而推力是由专门的推进器产生，如飞机的螺旋桨、直升机的旋翼等。属于这一类的发动机有：活塞式发动机、涡轮螺旋桨发动机、涡轮轴发动机、桨扇发动机等。电动机也属于这一类。

4.1.3 动力系统的适用性

不同的动力系统，由于工作原理、工作特点的不同，所适用的工作环境和动力输出特征也不一样，因而有不同的适用范围。

（1）活塞式发动机

活塞 – 螺旋桨组合是最早应用的飞机推进装置。经过不断的发展，活塞式发动机在功率 / 重量比、耗油率、阻力、推力和可靠性方面都有很大改善，它的发展也是飞机发展的主要推动因素之一。

活塞 – 螺旋桨推进系统具有两个优点：一方面，价格便宜，耗油率低，但它们重量太大，噪声和振动也很大；另一方面，螺旋桨自身的特性决定了它所产生的推力随着飞行速度 / 高度的增加而减小。

目前，活塞式发动机主要用于轻型飞机和农用飞机。

（2）燃气涡轮发动机

燃气涡轮发动机的核心机由压气机、燃烧室和涡轮构成。压气机将进气道引入的空气加压后输送到燃烧室，高压空气在燃烧室中与喷入的燃油混合燃烧，生成高温高压燃气。

燃烧后的热空气直接喷出就产生了推力；另一方面，燃气喷出的过程中先要通过涡轮，驱动涡轮转动，涡轮通过长轴带动压气机旋转，使发动机能够连续工作。也就是说，高温高压燃气的能量分成了两部分：一部分直接产生推力，另一部分通过涡轮驱动压气机。

按燃气的能量使用方式，燃气涡轮发动机分为涡轮喷气、涡轮风扇、涡轮螺旋桨、涡轮轴等几种类型。

涡轮喷气发动机是最早出现的，在 20 世纪五六十年代曾广泛应用于军机和民机，尤其是超声速飞机。但涡轮喷气发动机油耗过大，目前大多数已被涡轮风扇发动机取代。

涡轮风扇发动机在压气机之前加装风扇，在构造方面多加了一个外涵道。由风扇驱动加速的空气通过两条路径流动：一路进入发动机核心机，参与燃烧做功；另一路通过外涵道向后流出，直接产生推力。相对于涡喷发动机，涡扇发动机推进效率更高、耗油率更低。

涡轮螺旋桨发动机主要靠前面的螺旋桨提供推力，喷流提供的推力很小。相比于涡喷和涡扇发动机，涡桨发动机耗油率更低，但只适合于低速飞行。涡桨发动机主要用于亚声速运输机、支线飞机和公务机等。

涡轮轴发动机主要用于直升机，通过传动轴输出功率，带动旋翼旋转。

螺旋桨风扇（简称桨扇）发动机是一种兼具涡轮风扇和涡轮螺旋桨发动机特征的发动机形式，其目标是将高速性能和经济性结合起来，目前正处于研究和试验阶段。它适用于大型高亚声速运输机。

（3）冲压喷气发动机

冲压喷气发动机没有涡轮和压气机，它是依靠气流高速进入发动机后的减速过程来实现空气增压，然后在燃烧室中与燃料混合并燃烧，最后从尾喷管喷出，产生推力。

冲压发动机构造简单、成本低、重量轻、推重比大；但因没有压气机，不能在静止的条件下起动，也不适合低速飞行。它适合于空中发射的导弹和靶机，也可以与其他发动机配合使用，成为组合式动力装置。

（4）脉冲喷气发动机

脉冲喷气发动机也没有涡轮和压气机，它前方设有单向阀，使气流间歇地进入燃烧室。这种发动机构造简单、重量轻、造价便宜。但它只适于低速飞行，飞行高度也有限，主要应用于无人机和航空模型飞机。

（5）火箭发动机

火箭发动机自身既带燃料，又带氧化剂。它使用自身携带的氧化剂来助燃，因而不需要从周围的大气层中吸取氧气。火箭发动机可以适应广泛的速度范围，在性能方面有独特的优势。但是它的推进剂消耗率大，不适合长时间飞行。主要用于航天器和火箭、导弹等，也可以在某些飞机上用作短时间的加速器。

图4-2是各类发动机适用的速度范围，可以作为设计飞行器时选择动力系统形式的参考。

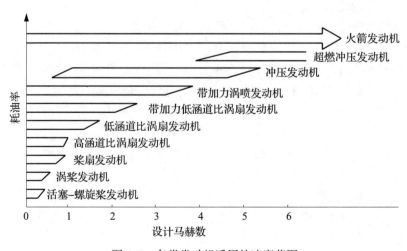

图4-2　各类发动机适用的速度范围

4.1.4　航空发动机的技术参数和工作状态

（1）航空发动机的技术参数

航空发动机的主要性能指标有：推力／功率、推重比／功重比、耗油率等。主要设计参数有：增压比、涡轮进口温度和涵道比等；衡量可靠性、耐久性的指标有：翻修寿命、空中停车率、机上时间、航班正点率等。

① 推力／功率

喷气发动机工作时，从前方吸入空气，喷入燃料混合燃烧，燃烧后的高温空气高速向后喷出。空气被加速，说明发动机给气体施加了向后的作用力，而气体则给发动机向前的反作用力，即推力。

推力的标准单位为牛［顿］（N），工程上也常用千克力（kgf）来表示，这种用法虽不符合规范，但在实际中常会用到，使用中要注意区分。

推力等于气流作用在发动机内、外表面上的合力的轴向分量。在尾喷管完全膨胀和不计燃油质量流量的情况下推力 F 可由下式计算：

$$F = q_{ma}(V_2 - V_1)$$

式中：q_{ma} 为空气质量流量，V_1 为进气速度，V_2 为排气速度。

可以看出，在一定工作条件下，推力与空气质量流量和速度增量成正比。因此，可以用两种方法增加推力：增大空气流量或提高排气速度。增大空气流量的主要手段是增大发动机尺寸；提高排气速度则需要提高发动机的增压比和涡轮进口温度，这两者都对加工技术和材料技术提出了很高的要求。

对于活塞式发动机、涡桨发动机和涡轴发动机，用输出功率作为发动机工作能力的指标。功率指发动机在单位时间内所做的功，单位是瓦［特］（W），对于航空发动机，一般用 kW。英制单位中使用马力（hp）。

② 推重比／功重比

发动机推力的大小是影响飞行性能的重要因素，但重量也是影响飞行性能的重要因素，因此引入一个"推重比"的指标。

推重比是发动机在海平面静止条件下的最大推力与重力之比，是无量纲参数。注意，提到推重比指标时，有时指的是全机的推重比，即发动机推力与飞机整机重力的比值，现代高性能战斗机的推重比可以超过 1；有时指的是发动机的推重比，即发动机推力与发动机重力的比值，战斗机用的涡扇发动机的推重比已达 10 左右。

对于活塞式发动机、涡桨发动机和涡轴发动机，则使用功重比作为指标，即发动机在海平面静止状态的功率与重量（质量）之比，单位是 kW/kg，英制单位中用马力／磅（hp/lb）。早期也常用"功率载荷"来表示，单位（lb/hp），它是发动机的重量与功率之比，与功重比互为倒数。

③ 耗油率

耗油率指发动机每小时的燃油质量流量与推力或功率之比，即发动机单位时间保持单位推力所消耗的燃油量。

对于耗油率的量纲要非常注意：如果按国际单位制，应该写作 kg/（N·s），质量／

（力·时间）的标准单位，但这样写出的数值会非常小，不方便使用。实际中常常用小时来作为时间单位，用 daN 作为力的单位，写作 kg/（daN·h）。对于喷气发动机，它表示连续 1h 维持 1daN 推力所消耗的燃油量（kg）。

对于活塞式发动机、涡桨发动机和涡轴发动机，使用单位 kg/（kW·h），表示每小时维持 1kW 功率所消耗的燃油量。

耗油率是影响飞机航程和经济性的重要因素。耗油率与发动机总效率成反比关系，即耗油率越低，则发动机的总效率越高。现代战斗机用低涵道比涡扇发动机的不加力耗油率一般为 0.8kg/（daN·h）左右，民用高涵道比涡扇发动机的巡航耗油率在 0.55kg/（daN·h）左右。

④增压比

增压比是压气机出口总压与进口总压之比，它对发动机的做功能力和效率有重要影响。发动机增压比呈不断提高的趋势，战斗机用涡扇发动机的增压比已达到 30 左右，民用涡扇发动机则更高，达 40 ~ 50。

⑤涡轮进口温度

涡轮进口温度指的是涡轮前的燃气总温，它受限于涡轮结构的耐热能力，同时又决定着发动机的最高工作温度。

提高涡轮进口温度能增大发动机做功能力，提高热效率，降低耗油率。现代发动机涡轮进口温度最高可达 1850 ~ 1950K，比钢的熔点还高。

提升涡轮叶片耐热能力的手段主要有耐热材料技术、叶片冷却技术、热障涂层技术，这些都属于发动机研制中的关键技术。因此，可以说涡轮进口温度是衡量发动机技术水平高低的重要标准之一。

⑥涵道比

涡轮风扇发动机由于在前端添加了风扇，空气流道分为外涵道和内涵道两部分。涵道比是涡扇发动机外涵道与内涵道的空气流量之比，又称流量比。

涵道比是涡扇发动机重要的设计参数，它对发动机耗油率和推重比有很大影响。一般来说，高涵道比发动机的耗油率较低，但高速特性较差。

通常，运输机使用的涡扇发动机涵道比较大，一般为 4 ~ 8，较新的发动机如通用电气公司的 GE90 发动机涵道比达到 9，GEnx 发动机涵道比达到 10；而战斗机发动机的涵道比较小，一般小于 1，如美国 F-22 战斗机所装备的 F119 发动机，涵道比只有 0.3。

⑦翻修寿命

翻修寿命指发动机两次翻修之间的使用时间，以小时计。根据发动机设计和制造技术水平，发动机可有若干次翻修，每次的翻修寿命可以相同，也可以不同。军用发动机翻修寿命为 300 ~ 1000h，民用发动机为 2000 ~ 5000h。

⑧空中停车率

空中停车率指发动机平均工作 1000h 内出现空中停车事件的次数，单位是（次 /1000 发动机飞行小时）。它是影响飞行安全和任务能力的重要指标。目前，军用发动机的空中停车率为 0.5 ~ 0.01，民用发动机的空中停车率已达到 0.005 ~ 0.002。

⑨机上时间

机上时间指发动机装在飞机上可工作的时间，以小时计。采用单元体设计和视情维修概念后，有许多修理和更换项目可以在发动机不从飞机上拆下的情况下进行。目前，民用发动机的机上时间平均为 10000h，最长的超过 40000h。美国第三代战斗机发动机的机上时间为 500 ~ 800h。

⑩航班正点率

航班正点率指 100 个在航班表上规定的航班正点或延误不超过 15min 起飞的次数。目前，由发动机因素影响的航班正点率达到 99.80% 以上，最好的发动机达 99.95% ~ 99.98%，相当于每 10000 个航班只有 2 ~ 5 次因发动机原因而延误 15min 以上或撤销。

（2）航空发动机的工作状态

飞机在不同的飞行状态对发动机推力或功率有不同的要求，因而发动机有不同的使用工作状态。

①最大状态

最大状态是指发动机产生最大推力的工作状态。对于带有加力燃烧室的发动机来说，产生最大推力的状态是全加力状态，主要用于起飞、作战、爬升以及最大马赫数或升限的飞行。对于亚声速运输机来说，一般在起飞或一台发动机不工作时使用最大状态。

发动机在最大状态下的气动、机械和热负荷接近或等于最大允许值，因此对其连续工作时间有限制，一般不超过 10min。

②额定状态

额定状态通常指发动机可以长时间工作的最大推力状态。这时的推力大约为最大推力的 85% ~ 90%，可用于长时间爬升、加速和高速平飞。

③经济巡航状态

经济巡航状态指飞机在巡航飞行时发动机工作最经济的状态。工作时间不限，通常用于耗油率最低的长时间巡航飞行。

④慢车状态

慢车状态是指发动机性能稳定、可靠工作的最小推力状态，为不加力最大推力的 3% ~ 5%。慢车状态用于地面滑行和下滑着陆。很多民用发动机还有空中慢车状态，其转速高于地面慢车状态。

发动机工作时推力的大小其实是由发动机的涡轮前温度决定的，过高的温度会影响发动机的寿命，因此在实际使用中，还会制定出一些对发动机可用推力的限制，例如，最大爬升推力、最大连续推力、最大巡航推力等，这些主要是出于保障发动机的使用寿命。

有时还规定一些其他工作状态，如装有反推力装置的发动机有反向状态；对于安装多台发动机的飞机，当一台发动机失效时其余发动机可转入应急状态工作，这时发动机在超过规定的起飞状态下运转，以保证飞行安全。

4.2 活塞式发动机

4.2.1 活塞式发动机原理

活塞式发动机的核心部件是汽缸和活塞，活塞在汽缸中作往复运动，完成发动机的各个工作过程。

活塞式发动机本身只输出功率，使用中需要带动螺旋桨转动，由螺旋桨来产生推力。

活塞式发动机的主要部件包括汽缸、活塞、连杆、曲轴、气门机构等。活塞在汽缸中往复运动，实现空气吸入、压缩、混注燃料燃烧、对外做功等过程。活塞在汽缸中运动的最上位置称为"上死点"，活塞的最下位置称为"下死点"。

通常发动机工作时，由四个行程组成一个循环，这四个行程的循环如下。

（1）进气行程

进气门打开，活塞下行，将雾化燃油和新鲜空气吸入汽缸内。活塞运动到下死点，进气行程结束。

（2）压缩行程

进气门关闭，汽缸内形成封闭空间。活塞由下死点向上运动，使空气压缩，直到活塞达到上死点，完成压缩冲程。

（3）膨胀行程

火花塞点火，将高压混合气体点燃，燃烧后的高温高压气体推动活塞下行，由连杆机构驱动发动机曲轴，输出轴功率。

（4）排气行程

膨胀行程之后，活塞上行，排气阀打开，将燃烧后的废气排出。活塞达到上死点时，排气门关闭，完成四个行程构成的热力循环。然后，进气门打开，开始一个新的循环。

这是四行程（又称四冲程）活塞式发动机的工作模式，可以看出，发动机只有在膨胀行程是主动做功的（所以这个行程也称工作行程），其他三个行程则是被动运行的。

另外还有一种工作模式，是在两个冲程中完成进气、压缩、燃烧和排气，即在燃烧膨胀冲程的后期至压缩冲程前期完成进气和排气。采用这种模式的发动机称为二冲程活塞式发动机，它的效率低、噪声大、振动大，但结构简单，在某些超轻型飞机和无人机上有所采用。

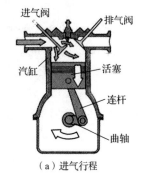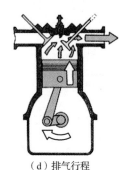

（a）进气行程　　　　（b）压缩行程　　　　（c）膨胀行程　　　　（d）排气行程

图 4-3　活塞式发动机结构和工作示意

4.2.2　活塞式发动机的汽缸布置

为了增大发动机的输出功率，可以增加汽缸数目。另外，通过协调多个汽缸活塞的工作时序，也可以有效降低振动、提高扭矩。多个汽缸的排列方式主要有星形、V形、直列形、水平对置形等（见图4-4）。

星形发动机应用较早，早期飞机多采用这种形式，它的曲轴短、结构紧凑、战场生存力较强，其布置形式也有利于发动机的冷却。星形布置的主要问题在于发动机外径过大，导致阻力增大。

从前方看，V形发动机汽缸呈字母V形排列，可以在长度增加不多的情况下使汽缸数成倍增加。

直列式发动机的汽缸排成一列，纵向安装在机头时，比星形发动机占用空间小得多。但随着汽缸数量的增多，发动机越来越长，因此在使用上也受到限制。

水平对置发动机，即夹角180°的V形排列，具有扭力大、振动小的特点，在小型固定翼飞机和直升机上应用较多。

（a）星形布置　　　　（b）V形布置　　　　（c）直列四缸　　　　（d）水平对置

图4-4　活塞式发动机的汽缸布置形式

4.2.3　活塞式发动机的辅助工作系统

发动机除主要部件外，还须有若干辅助系统与之配合才能工作。

①进气系统，为发动机输入空气。为了改善高空性能，在进气系统内常装有增压器，其功用是增大进气压力。

②燃油系统，储存燃油并在所有工作状态下为发动机提供燃油。供油过程中，将燃油雾化并与空气充分混合，使之进入汽缸。早期发动机采用汽化器使燃油雾化，现代发动机也有采用机械喷射系统和电控燃油喷射系统的，提高了燃油控制的范围和灵活性。

③点火系统，主要包括高电压磁电机、输电线、火花塞等。

④定时系统，按活塞的行程精确控制进/排气门的开启/关闭、火花塞点火等。

⑤散热系统，利用冷却介质吸收和带走汽缸外部热量，使发动机工作在合适的温度范围。

⑥润滑系统，实现活动部件的润滑，也具有一定的清洁、散热功能。

⑦排气系统，排出燃烧后的废气。废气可以经过热交换机给座舱加温，也可以作为涡轮增压器的动力源。

⑧起动系统，通常为电动起动机。

4.2.4 活塞式发动机的特点及适用范围

活塞 – 螺旋桨推进系统具有两个优点：价格便宜，耗油率低。它的制造和维修技术简单、廉价、经济，在民用方面运用非常广泛。

但它们的缺点也很明显：重量太大，噪声和振动也很大。而且，螺旋桨自身的特性决定了它所产生的推力随着飞行速度的增加而减小。活塞式发动机也不适合在高空使用。

最早的航空发动机是莱特兄弟设计制作的。在莱特兄弟研制飞机的年代，其实没有合适的航空发动机。他们经过反复研究，一边设计一边试验，终于和一位叫查理·泰勒的技术工人一起研制成一台四缸直列式水冷发动机，成功应用在"飞行者"1号飞机上（见图4–5），完成了世界公认的第一次可操纵动力持续飞行。这台活塞式汽油发动机的功率仅为12hp，重量为180lb[①]，功重比只有0.11kW/kg。

即使以当时的标准看，莱特兄弟的发动机也属于比较粗糙的（考虑到这台发动机是用简陋的设备，在有限的时间和人力条件下制成的，并圆满地完成了预期任务，仍然应该视为杰作），但它是世界上第一台成功驱动飞机飞行的航空发动机，拉开了航空发动机的第一个时代——活塞时代的序幕。

在之后的40年中，活塞式发动机由于具备油耗低和高可靠性的优点，一直是驱动飞行器的唯一动力。

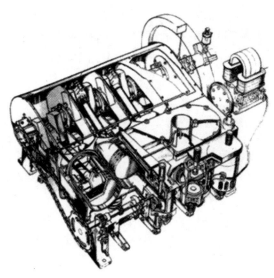

图4–5　莱特兄弟"飞行者"1号的活塞式发动机

在一战的推动之下，活塞式发动机的功率有了大幅提升，从70～80kW提高至超过300kW，功重比提高至0.75kW/kg，直接促使飞机的飞行速度从100km/h量级提升至200km/h量级，升限达8000m。

在两次世界大战之间，科学家和工程师们重点解决了活塞式发动机的冷却问题。他们为气冷式发动机设计了整流罩，既减小了阻力，又改善了发动机的冷却问题，使气冷式发动机得到了迅速的发展，逐步取代了运输机、轰炸机上的液冷式发动机。但由于液冷式发动机的迎风面积小，它在高速战斗机上仍得到广泛应用。这个时期还有两项重大改进，一是涡轮增压器，二是变距螺旋桨。这两项技术增大了发动机的功率和工作高度，并提升了推进效率。到二战爆发前，发动机功率已超过800kW，功重比高至1.5kW/kg；战斗机的飞行速度超过500km/h，升限达10000m。

二战期间著名的英国"梅林"发动机是液冷式发动机（见图4–6），该发动机为V形

---

① 1lb（磅）≈ 0.454kg。

12 缸，装备著名的 "飓风" "喷火" 和美国 "野马" 战斗机。

　　该发动机最初设计功率为 559kW。不过，当它在首架 "飓风" 战斗机装机飞行时，功率已经达到了 708kW，使 "飓风" 的速度在初期就达到了 540km/h，改进后更是达到了 624km/h。装备 "野马" 战斗机时功率更是提高到了 1120kW，使 "野马" 的飞行速度达到 760km/h，升限达 15000m，接近螺旋桨飞机的性能极限。

图 4-6　"梅林" V 形 12 缸发动机

　　二战以后，随着喷气发动机的出现，就再没有出现新的大功率活塞式发动机，设计工作主要集中在中等功率的发动机上，应用于公务机、农用机、运动机等。近年来，随着对中高空长航时无人机的需求的增加，活塞式发动机又受到重视，研究重点在于高可靠性、低油耗、轻量化、易维护等方面。

4.3　喷气发动机

4.3.1　喷气发动机原理

　　涡轮喷气发动机由进气道、压气机、燃烧室、涡轮、尾喷管五部分组成（见图 4-7），其中压气机、燃烧室和涡轮组成了核心机。有些发动机的涡轮和尾喷管间还装备有加力燃烧室。

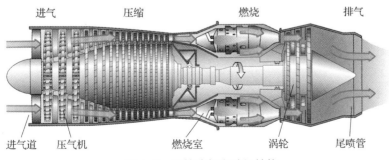

图 4-7　涡轮喷气发动机结构

涡轮喷气发动机工作过程中，空气从进气道进入发动机内部，通过压气机提高压力，然后高压的空气进入燃烧室与燃料混合并点燃，燃气推动涡轮旋转，最后通过尾喷管高速喷出，产生推力。

燃烧后的气体之所以要先推动涡轮旋转，是因为涡轮通过长轴带动压气机转动，维持发动机的持续工作。

以下结合发动机的构造详细讨论各部件的工作原理。

（1）进气道

进气道的作用是将空气引入发动机，并将气流减速增压，以满足压气机对进口气流的要求（见图4-8）。

由于飞机的飞行范围很广，从地面到上万米高空、从静止到超声速，有许多种速度 - 高度组合。而压气机是一个对进口气流状态很敏感的部件，如果压气机进口气流状态偏离设计点太多，就会出现喘振或堵塞问题，严重的会造成压气机叶片损坏或发动机破坏。因此，进气道的设计对发动机的性能有重要的影响。

亚声速客机   F-104   "幻影"Ⅲ

F-16   F-15   F-22

图4-8　不同的进气道形式

进气道按其来流马赫数可以分为亚声速进气道、超声速进气道和高超声速进气道。

亚声速进气道为扩散型，这种进气道可以适用于亚声速及较低的超声速状态。典型的亚声速进气道，如皮托型进气道，只是个简单的开孔连接一段光滑管道，但在亚声速工作时可以获得很好的总压恢复效果。

如果飞行马赫数超过1.5，亚声速进气道的激波损失过大，无法使用，必须使用专门设计的超声速进气道。超声速进气道的型面十分精细，它通过激波系把超声速气流减速增压为亚声速气流，以满足压气机的进口条件。为了在不同速度下工作，进气道形状通常是可以调节的。

（2）压气机

压气机的作用是提高进入燃烧室的空气的压力。衡量压气机性能的主要指标是增压比，即压气机出口空气总压与进口空气总压的比值。

压气机主要有两种类型：轴流式压气机和离心式压气机。

轴流式压气机主要由转子和静子两部分组成（见图 4-9）。它们由多排叶片相间组成，一排转子叶片和一排静子叶片组成一级。转子叶片将空气加速加压，静子叶片的作用是使气流减速增压，同时也梳理气流方向，以满足下一级转子叶片对来流方向的要求（见图 4-10）。

单级压气机所能达到的增压比不大，目前较先进的水平为 1.5 ~ 1.6，为达到较高的总增压比，需要多级组合。目前的轴流式压气机可以有 4 ~ 15 级，总增压比可以达到 40 左右。

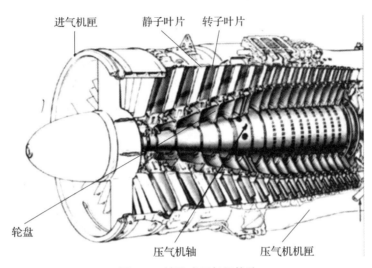

图 4-9　轴流式压气机构造

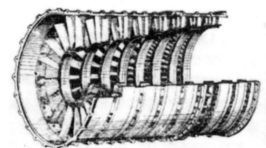

图 4-10　轴流式压气机的转子、静子和工作叶片

离心式压气机主要由旋转的叶轮和环绕其周围的扩压器构成（见图 4-11）。空气被叶轮向外甩出，压力和速度提高，再经过扩压器后，速度能转化为压力能。

离心式压气机的单级增压比相对更大一些，但是由于气流是径向流动的，难以实现多级增压。即便做成多级的，由于气流转折角度大，效率也没有多级轴流式压气机高。同时它的气流通过能力不如轴流式，单位迎风面积大，因而现代涡轮喷气发动机几乎没有采用离心式压气机的。

不过在小型发动机上，离心式压气机仍然常见。一方面，如果轴流式压气机尺寸太小，叶片间隙占叶片高度的比例增大，压气机效率会大大降低；另一方面，离心式压气机结构更简单、性能更稳定，对不稳定气流的容忍能力也更强。

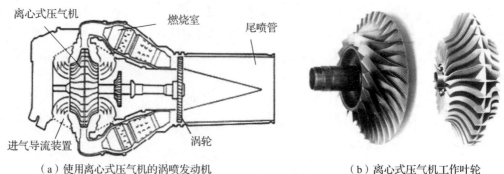

（a）使用离心式压气机的涡喷发动机　　　　（b）离心式压气机工作叶轮

图4-11　离心式压气机示意图

（3）燃烧室

空气通过压气机后，进入燃烧室，与喷嘴喷入的燃料充分混合后点火燃烧，将燃料的化学能转化为热能，空气成为高温高压的燃气。

燃烧室由喷嘴、涡流器、火焰筒和燃烧室外套（机匣）组成（见图4-12）。喷嘴内有螺旋形通道，燃料通过喷嘴后在离心力和周围气流的作用下雾化并与空气混合，点火燃烧。涡流器使燃烧室中心部分产生回流，便于火焰稳定。火焰筒核心区内温度高达2050～2250K，超过目前火焰筒壁和后方的涡轮所能承受的温度，因此在火焰筒壁上开有几排孔，让冷空气进入，冷却火焰筒壁，并使气流温度降到涡轮能承受的温度。

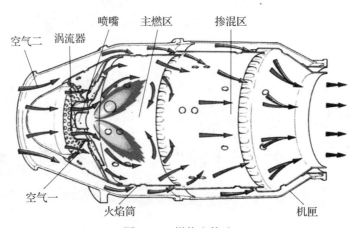

图4-12　燃烧室构造

从结构形式上看，燃烧室可分为单管燃烧室、联管燃烧室和环形燃烧室三类，目前最常用的是环形燃烧室。

（4）涡轮

涡轮的作用是将高温高压燃气内的能量转化为机械能，用以驱动压气机和其他附件。涡轮主要由导向器和工作叶轮组成，它们的叶片通道都是收缩型，如图4-13所示。高温高压燃气经过导向器叶片的收缩通道，

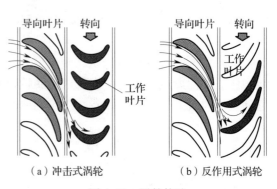

（a）冲击式涡轮　　　（b）反作用式涡轮

图4-13　涡轮构造

速度大大提高，而压力和温度下降。加速后的气流在工作叶片的通道内膨胀并折转，驱动叶轮旋转。

为得到更大的功率，需要提高涡轮进口的温度。但如果温度过高，超出涡轮叶片材料所能承受的范围，则会造成发动机损坏。为了适应日益提高的涡轮进口温度，手段之一是提高材料的耐温能力，例如，采用定向凝固合金、单晶合金、陶瓷材料和碳/碳复合材料技术；另一方面是采用冷却技术，从压气机引出一部分空气，通过专门的管路引到涡轮叶片进行冷却。

涡轮叶片的冷却方式有内部对流冷却和外部气膜冷却两种。对流冷却是在叶片内部打一些通道，冷空气从根部流入，顶部流出，带走热量。气膜冷却方式是在叶片前缘开一排或多排小孔，让冷却空气从小孔逸出，在叶片表面形成一层冷空气膜，将高温燃气隔开。图 4-14 展示了几种冷却方式对应的结构，可以看出，对于涡轮叶片的生产，在材料技术和制造工艺方面都需要很高的水平。

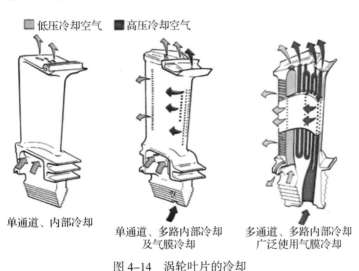

图 4-14　涡轮叶片的冷却

（5）加力燃烧室

为了获得最大的推力和效率，燃烧室中的空气与燃油的混合比需要达到某个理想值，但遗憾的是，这会产生过高的温度，即使采用最先进的冷却技术，现有涡轮材料也无法承受。因此，实际工作过程中采用较高的比例，即发动机吸入的空气远远多于实际燃烧所需的，多余的空气起到降温作用。因此，在涡轮后的燃气中还有相当一部分氧气没有参与燃烧。

如果将这部分未充分参与燃烧的空气再注入燃油，点火燃烧，就可以提高尾喷管出口燃气速度，更进一步提高推力。这个为燃气再次加注燃油并燃烧的部件称为加力燃烧室（它的英文名称 "afterburner" 更形象地反映了它的工作原理）。

加力燃烧室工作时，可使涡轮喷气发动机推力提升 50% 左右；如果是涡扇发动机，由于其外涵流入的是新鲜空气，推力提升可达 70% 或更多。但由于开加力工作状态耗油率过高，也由于温度过高，会对机体结构造成很大负担，加力工作状态只能限制在较短的时间内。

加力燃烧室主要由带 V 形槽的火焰稳定器和它们前方的环形喷油杆组成（见图 4-15），共同完成喷油、点火和火焰稳定的功能。

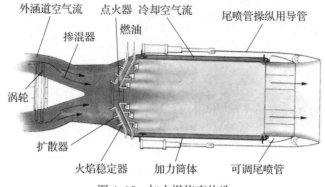

图 4-15　加力燃烧室构造

（6）尾喷管

尾喷管的作用是将通过涡轮或加力燃烧室的高压燃气膨胀加速，使气流以高速喷出，从而获得推力。

以出口气流速度来区分，尾喷管可分为亚声速和超声速两种。亚声速喷管为收敛型，即喷管口径逐渐缩小；超声速喷管为收敛－扩张型，又称拉瓦尔喷管。现代高性能发动机尾喷管的形状通常可以调节，以适应不同的发动机工作状态（见图 4-16）。

根据排气方向的不同，又可将尾喷管分为直流喷管、偏流喷管和转向喷管。直流喷管仅提供向前的推力，是大多数航空器所采用的形式。转向喷管或矢量喷管可以在一定角度范围内改变气流方向，从而改变推力方向。

（a）典型的收敛型喷管

（b）典型的收敛－扩张型喷管

图 4-16　尾喷管形式

美国 F-22 战斗机采用了二维矢量喷管（见图 4-17），可以上下偏转推力的方向，使其具有短距起降和超机动能力。俄罗斯苏 -35 则采用了三维矢量喷管（见图 4-18），可以上下左右改变推力方向，技术上更为复杂。

（7）辅助系统

除了以上主要部件，涡喷发动机还需要一些辅助系统来保障它的正常工作，如起动系统、供油系统、润滑系统、防冰系统和防火系统等。

图 4-17 F-22 战斗机的二维矢量喷管

图 4-18 苏 -35 的三维矢量喷管

4.3.2 涡轮喷气发动机应用概况

喷气发动机是英国人和德国人在互不知情的情况下，几乎同时研制成功的。英国的惠特尔（F.Whittle，1907—1996，英国航空发动机设计师）在 1937 年 4 月研制成功涡轮喷气发动机 WU，采用离心式压气机；德国的奥海因（Ohain，1911—1998，德国航空发动机设计师）在 1937 年 3 月研制成功 Hes-3B，他采用的是轴流式压气机。1939 年 8 月 27日，Hes-3B 装在亨克尔 He-178 飞机上试飞成功，这是世界上第一架试飞成功的喷气式飞机。

世界上第一台实用的涡轮喷气发动机是德国的尤莫 004，1940 年 10 月开始台架试车，1942 年 7 月 18 日装在梅塞施密特 Me-262 飞机上试飞成功。

英国的第一种实用的涡轮喷气发动机是 1943 年 4 月罗罗公司推出的威兰德，推力为755daN，推重比 2.0。该发动机当年投产后即装备"流星"战斗机，于 1944 年 5 月交付英国空军使用。

二战后，美、苏、法也开始研发本国的涡轮喷气发动机。二战后第一批装备部队使用的喷气式战斗机是 1944 年美国制造的 P-80 和苏联 1946 年制造的米格 -9。1947 年，出现了第一批后掠翼的战斗机——美国的 F-86 和苏联的米格 -15，发动机分别是轴流式的 J47和离心式的 RD-45 涡轮喷气发动机，飞行速度提高到 1050km/h，接近声速。

为了突破声障，人们为涡喷发动机加装了加力燃烧室。

1953 年，美国利用 J57 双转子加力式涡喷发动机，推出了第一种实用的超声速战斗机 F-100，最大飞行速度为 $Ma1.31$。

1955 年，苏联装用 RD-9B 加力式轴流涡轮喷气发动机的超声速战斗机米格 -19 也装备部队，最大飞行速度达 $Ma1.37$。

1958 年，美国推出 F-104 战斗机，最大飞行速度为 $Ma2.2$，实用升限达 17680m，动力为 J79 单转子加力式涡轮喷气发动机，最大推力 7020daN，推重比为 4.63。

1959 年，苏联推出米格 -21 战斗机，最大速度 $Ma2.1$，实用升限 18000m，动力为 R-13 双转子加力式涡轮喷气发动机，最大推力 6480daN，推重比 5.8。

1969 年，苏联米格 -25 战斗机最大飞行速度为 $Ma2.8$，升限达到 23000m，装备的 RD-31 涡喷发动机单台最大推力达 10570daN。

如果把 20 世纪 40—50 年代研制的单轴涡轮喷气发动机算作第一代，那么 50—60 年代研制的加力式涡轮喷气发动机可算作第二代，其循环和性能参数水平为：涡轮进口温度 1400K，推重比 6 左右，不加力状态下的耗油率 0.9 ~ 1.0kg/（daN·h），加力耗油率 2.0kg/（daN·h）。

涡轮喷气发动机在战斗机上广泛应用的同时，也被其他机种所选用。首先是轰炸机，随后是运输机、旅客机和侦察机。例如，美国 1955 年装备、至今还在使用的 B-52 重型战略轰炸机，开始时装备 8 台 J57 系列双转子涡轮喷气发动机。美国 1966 年投入使用的 SR-71 战略侦察机的最大速度为 $Ma3.2$，实用升限 26600m，其动力是 J58 加力式涡轮喷气发动机，最大推力 14460daN。

1952 年，世界上第一种喷气旅客机"彗星"号投入航线运营，该机装有 4 台罗罗 Avon Mk524 涡轮喷气发动机，推力 46.8kN。

20 世纪 70 年代，"协和"号超声速客机投入使用，该机装有 4 台奥林帕斯 593 涡喷发动机，单台发动机的最大推力达到 17000daN。

由于涡扇发动机的崛起，在军民用飞机领域中逐渐取代了涡喷发动机。目前，中型涡喷发动机仍在一些轻型战斗 / 攻击机和教练机上继续使用，小型的涡轮喷气发动机则用于巡航导弹、靶机和无人机上。

4.3.3　喷气发动机的扩展

（1）涡轮风扇发动机

涡轮风扇发动机，在核心机的前方增加了风扇部件，同时也增加了一个空气通道（称作涵道；见图 4-19）。回顾涡喷发动机的结构可以看出，涡喷发动机只有一个空气通道，是单涵道发动机，而涡扇发动机是双涵道发动机。

涡扇发动机有内涵道和外涵道，内涵道相关部件原理与基本的涡喷发动机相同，称为核心机。核心机驱动前方的风扇，推动气流向后。被加速的气流分成内、外两股，分别进入内、外涵道。

发动机工作时，外涵道与内涵道空气流量的比值称为涵道比。一般情况下，涵道比越大，燃油效率越高，经济性越好。高涵道比涡扇发动机的主要推力源于外涵道高速向后喷出的空气，在亚声速时有非常好的能效，广泛地应用于亚声速客机、运输机等（见图 4-20 ）。

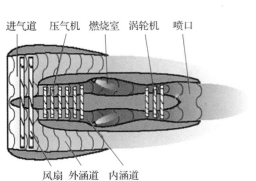

图 4-19　涡扇发动机结构示意

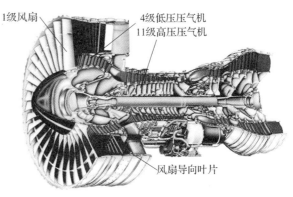

图 4-20　PW4000 高涵道比涡扇发动机

但到了跨声速或超声速段，风扇的效率显著降低，因此现代战斗机大多采用低涵道比涡扇发动机（见图 4-21 ）。

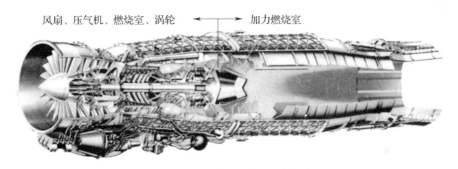

图 4-21　EJ200 低涵道比涡扇发动机

（2）涡轮螺旋桨发动机

涡轮螺旋桨发动机，本质上是涡喷发动机通过减速器带动外部的螺旋桨。推力主要由螺旋桨提供，从尾喷管喷出的燃气只产生很小一部分推力（约 10%）。

涡桨发动机通常用在小型或低速飞机上，但也有例外，如俄罗斯的战略轰炸机图 -95 使用涡桨动力，配置对转双螺旋桨（见图 4-22 ），最大速度超过 900km/h，是个比较极端的例子。

（3）桨扇发动机

桨扇发动机可以看作是装备先进高速螺旋桨的涡扇发动机，也可以看作是没有外涵道的涡扇发动机，它兼具涡桨发动机耗油率低和涡扇发动机适用速度高的优势。

桨扇发动机的关键部件是先进高速螺旋桨，它由一系列宽弦、薄叶型、前缘尖锐并带有后掠的桨叶构成（见图 4-23 ）。这种叶型的跨声速性能有很大改善，在飞行速度为 $Ma0.8$ 时仍有良好的推进效率。

桨扇发动机的主要问题是：由于转速高，产生的振动和噪声也比较大，难以应用于客机。另外，曝露在空气中的桨扇的气动设计也是目前研究的难点所在。

（a）我国水上飞机AG600　　　　　　　　（b）图-95战略轰炸机采用对转双桨

图 4-22　涡桨发动机

图 4-23　安-70 的 D-27 桨扇发动机

图 4-24　美国通用电气公司的 GE36 桨扇发动机

在 20 世纪 80 年代后期，有一段桨扇发动机的研究热潮，一些著名的发动机公司都不同程度地进行了研究和试验，如美国通用电气公司的 GE36 曾进行了飞行试验（见图 4-24）。由于种种原因，只有俄罗斯 / 乌克兰的安 -70 的 D-27 桨扇发动机进入了工程研制阶段，但也是由于噪声等问题，俄乌双方做出了放弃装备该机的决定。

近年来，随着国际油价的飙升，以及航空业对于经济性和环保性的日益重视，桨扇发动机又重受青睐。随着多方面关键技术的突破，桨扇发动机未来可能会获得用武之地。

（4）涡轮轴发动机

涡轮轴发动机的原理和构造与涡桨发动机基本相同，但它的涡轮从燃气中提取的能量比例更高，由喷管流出的燃气只产生很小的推力或根本不产生推力（见图 4-25）。

涡轮轴发动机主要用于驱动直升机的旋翼，也可用作地面动力。很多坦克和军舰也使用涡轮轴发动机，比起一般的柴油机和汽油机，涡轮轴发动机重量更轻、功率更大。

图 4-25 涡轮轴发动机

4.4 垂直起降飞机

垂直起降本属于飞机构型的一种，但目前垂直起降技术的核心主要在于发动机。

垂直起降飞机减少或基本摆脱了对跑道的依赖，只需要很小的平地就可以垂直起飞和着陆，作战过程中飞机可以分散配置，便于灵活出击、转移和伪装隐蔽。不易被敌方发现和攻击，出勤率也大幅提高，并且对敌方的打击具有很高的突然性，大大提高了飞机的战场生存率和作战效率。

固定翼飞机要实现垂直起降，首先需要有克服重力的垂直方向的升力；其次，垂直的合力要过重心，即保证力矩的平衡；另外，还要能克服意外扰动，即需要具备调节力矩的能力。

实现垂直起降的方式主要有推力转向发动机、倾转发动机、辅助升力发动机等形式。

4.4.1 推力转向发动机

使用推力转向技术的代表是"鹞"式飞机和它的"飞马"发动机。

英国的"鹞"式飞机是世界第一种比较实用的垂直起降战斗机，后来美国引进生产了该型飞机，定名为 AV-8（见图 4-26）。英国研发"鹞"式战斗机的初衷是为了在核战中机场被战术核武器摧毁时，能够从停车场或者林中空地起降保卫领空。后来改作航空母舰舰载机。

"飞马"军用涡扇发动机原始方案于 1954 年提出，1957 年 6 月开始设计，1959 年 9 月第 1 台试验型发动机首次运转，并定名为"飞马"1。1960 年 2 月，试飞用的"飞马"2 首次运转，1960 年 10 月开始"飞马"发动机的首次试飞。

针对垂直 / 短距起降的特殊要求，发动机采用了排气喷管可旋转的推力换向方案（见图 4-27），结构简单、紧凑、短距起降性能好。由于在垂直起降、悬停和过渡飞行时，翼面几乎没有空气动力，因而飞机的操纵性和稳定性完全由喷气反作用操纵系统控制。

　　"飞马"是首先采用两个转子反向旋转的双转子发动机，它消除了陀螺力矩，改善了悬停和过渡飞行时的稳定性。

　　"鹞"式战斗机为了实现垂直起降功能，也付出了很大的代价，它在性能方面有几项短板。①航程短。由于垂直起降过程会消耗很多燃料，大大缩减了飞机的航程和作战半径。早期"鹞"式飞机的作战半径只有100km左右，后来经过了大量改进，到最后的改进型AV-8B的作战半径也不到500km，比常规起降的喷气式战斗机差了很多。②载弹量小。早期的"鹞"式载弹量在2000kg左右，AV-8B的载弹量一般也不超过3000kg。③速度低。"鹞"式战斗机无法超声速飞行，最大速度为$Ma0.9$。

　　顺便提一下，在图4-26中可以看到它的起落架布置：起落架为自行车式布局，两边机翼外侧有小的辅助轮。这也是为了给发动机留出足够的布置空间。

图4-26　"鹞"式垂直起降战斗机

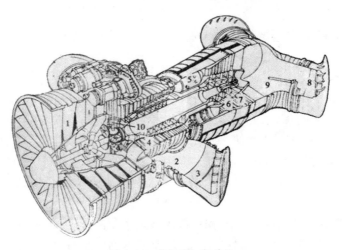

图4-27　"飞马"发动机

4.4.2　倾转发动机

　　德国在20世纪50年代研制了一款超声速的垂直起降战斗机VJ-101C，它采用翼梢发动机倾转的设计思想（见图4-28），后来的V-22"鱼鹰"倾转旋翼机也采用了类似的思路。

在垂直起降状态，发动机向上倾转，推力方向向下；平飞状态，发动机转至水平，推力向后。

图 4-28　德国 VJ-101C 垂直起降战斗机

V-22"鱼鹰"倾转旋翼机是由美国波音公司和贝尔直升机公司联合研制的，1989年3月首飞成功。经历长时间的测试、修改、验证工作后，2006年11月进入美国空军服役，2007年在美国海军陆战队服役。

V-22在翼尖的两台可旋转的发动机，驱动两副旋翼（见图4-29）。在垂直起降状态，两个旋翼转向上方，工作方式像一架双旋翼直升机；在固定翼状态，旋翼转向前方，成为常规的双螺旋桨飞机。这样兼具了直升机的垂直升降能力，又拥有固定翼飞机高速、航程远和油耗低的优点。

由于它的螺旋桨直径小于同等重量直升机的旋翼，排气速度较大，桨盘载荷略高于一般直升机，因而垂直起飞和悬停时的效率稍逊于直升机。但它的常规飞行性能却是直升机无法匹敌的：在直升机状态的最大垂直起飞重量为23980kg，最大前飞速度396km/h；在固定翼飞机状态的最大短距起飞重量为27442kg，实用升限约8000m，最大飞行速度可达509km/h。垂直起飞的航程为2224km，短距起飞的最大转场航程接近3900km。

图 4-29　V-22"鱼鹰"倾转旋翼机

美国在 20 世纪 60 年代还研制了一种倾转整个机翼的验证机 XC-142A。在垂直起降过程中，整个机翼连同发动机 - 螺旋桨一起倾转（见图 4-30），降低了倾转结构的复杂性。而且由于机翼对螺旋桨滑流的遮蔽效应很弱，可以有效提升螺旋桨的升力。

图 4-30　倾转机翼验证机 XC-142A

1962 年，沃特（Vought）、希勒（Hiller）和瑞安（Ryan）三家公司联合提出的大型倾转机翼运输机方案，获得了军方合同，研发制造 5 架原型机。

1964 年 9 月 29 日，XC-142A 原型机进行了首次悬停飞行，1965 年 1 月 11 日进行了首次过渡飞行。

XC-142A 看起来像一架相当传统的中型战术运输机，方形截面的机身，尾部有带斜坡的舱门，可以运载 3335kg 货物或 32 名士兵，或 24 副担架外加 4 名医护兵。

虽然指标看起来有一定的吸引力，但在 XC-142A 的研制过程中出现许多问题，如机翼结构弯曲与发动机动力交叉耦合、低速操纵性不佳等问题，导致飞机在垂直起降模式与平飞模式之间的状态时相当危险。另外，该机飞行时振动水平较高，容易导致机组疲劳和机械故障，也带来很大噪声。

5 架原型机从 1966 年开始进行了大量的外场测试，由于低速操纵性能不佳的问题，有 4 架原型机在着陆过程中损坏，导致三人死亡。由于无法解决安全性问题，X-142A 项目最终被放弃。

除了安全性问题，导致 X-142A 项目下马的原因还与垂直起降飞机固有的缺陷有关：垂直起降时的燃料消耗十分严重，导致飞机航程很短，作为运输机这是难以接受的；可倾转的机翼带来繁重的维护任务和经费问题，限制了它的应用前景。

4.4.3　升力发动机

另一种垂直起降的方式是采用单独的升力发动机，与主发动机协同工作、实现垂直起降。代表机型有苏联的雅克 -38 和雅克 -141。

苏联在垂直起降方面的研究开始较早，1963 年垂直起降试验机雅克 -36 进行了首飞。雅克 -38 的垂直起降系统是沿自雅克 -36 试验机的设计，飞机装备三台发动机，机身后部的主发动机兼具推进和升举作用，主驾驶舱后方有两台升力发动机，如图 4-31 所示。

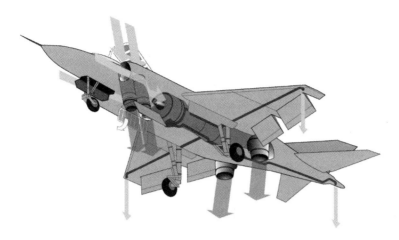

图 4-31　雅克 -38 的垂直起降原理

当垂直起降时,驾驶舱后方的盖打开,两台升力发动机开动,同时主发动机的喷管转折向下,三台发动机共同产生向上的总推力。由于在垂直起降状态飞机翼面上基本没有气动力,所以主发动机有三条气路分别引向机尾和两翼端,产生控制飞机姿态的操纵力。

在水平前飞状态,升力发动机停止工作,舱盖关闭。主发动机喷管转向后方,提供飞行推进力。

另一种类似的方案是雅克 -141,也是采用主发动机和两台升力发动机的布局(见图 4-32),但它的主发动机改为矢量喷口设计,进气口也做了修改(见图 4-33),使它可以超声速飞行。雅克 -141 的最大速度达 Ma 1.7,是第一种超声速垂直起降战机。在 20 世纪 90 年代,它打破了 12 项垂直起降飞机的世界纪录。可惜由于苏联的解体,雅克 -141 并未大规模量产。

图 4-32　雅克 -141 垂直起降战斗机

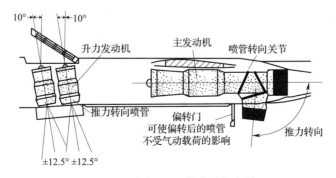

图 4-33　雅克 -141 的发动机布置

4.4.4　升力风扇

美国的 F-35B 战斗机采用了升力风扇系统，如图 4-34 所示。在垂直起降状态，飞机尾部的发动机喷口转向下方，提供垂直方向的升力，这个偏转尾喷口的技术来源于苏联的雅克 -141 战机。

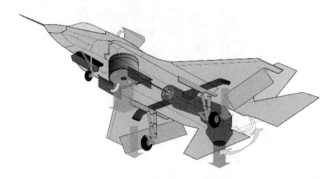

图 4-34　F-35B 的垂直起降原理

在 F-35B 前机身座舱后部有一个升力风扇，它通过传动轴与主发动机的低压涡轮相连，由此获得动力。升力风扇与主发动机之间有离合器，平飞时风扇与主发动机脱开，风扇不工作。在短距 / 垂直起降状态，升力风扇上方和下方的盖板打开，离合器将升力风扇与传动轴连接起来，主发动机的低压涡轮的功率直接传递到升力风扇上，驱动升力风扇旋转，从风扇上方的进气口吸取空气并喷向下方，提供升力。

从图 4-34 可以看出，在机翼下方还有两个喷口，它们从发动机的低压压气机引气，向下喷出，提供大约 9% 的升力，主要用于平衡和姿态调整。

前方的三个喷口喷出的都是冷空气，只有尾喷口喷出的是高温燃气。

4.5　其他发动机

4.5.1　冲压发动机

冲压发动机是一种无压气机和涡轮的空气喷气发动机，通常由进气道（又称扩压器）、燃烧室、推进喷管组成（见图 4-35）。

冲压发动机的空气压缩是靠高速气流的滞止（冲压增压）来实现的，迎面气流在通过进气道的过程中将动能转变为压力能，压缩后进入燃烧室与燃料混合燃烧，生成的高温燃气在喷管中膨胀加速后排出，产生推力。

冲压发动机不需要压气机和涡轮，内部没有运动部件，因而具有构造简单、重量轻、推重比大、成本低的优点。但由于增压过程依赖于来流的速度，所以冲压发动机不能在静止或低速状态运行，需要其他推进系统将飞行器推进到适当的飞行速度后才能有效工作。

冲压发动机可以和火箭发动机、涡喷或涡扇发动机等配合使用。

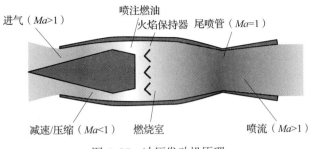

图 4-35　冲压发动机原理

虽然在亚声速状态下冲压发动机性能不如燃气涡轮发动机，但由于其结构简单、成本低，在某些低速飞行器（如靶机）上仍有所应用。

4.5.2　超燃冲压发动机

超声速燃烧冲压式发动机，简称超燃冲压发动机，指燃料在超声速气流中进行燃烧的冲压发动机（见图 4-36）。它可以适应更高的飞行速度，当采用碳氢燃料时，超燃冲压发动机的飞行马赫数可以达到 8；当使用液氢燃料时，其飞行马赫数可达 25。

发动机工作时，超声速或高超声速气流在进气道扩压到 $Ma4$ 左右的较低超声速，然后在超声速燃烧室中混合燃料并燃烧，燃烧后的气体经扩张型喷管排出。

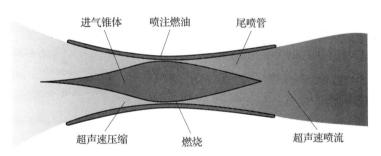

图 4-36　超燃冲压发动机原理

由于超燃冲压发动机巨大的军事价值及经济应用前景，许多国家的研究机构都投入大量精力开展了研究，研究重点在于一系列的关键技术，例如，燃料特性、燃烧室设计、火焰保持器设计、一体化设计和发动机材料等。

另外，为了扩展冲压发动机的工作范围，还有所谓"双模态冲压"的设计思路，即发动机可以以亚声速燃烧和超声速燃烧两种模式工作。当飞行马赫数低于 6 时，在发动机进气道内产生正激波，进行亚声速燃烧；当马赫数大于 6 时，进行超声速燃烧。双模态工作能力使得发动机的马赫数下限降到 3，工作范围更宽广。

4.5.3　脉冲喷气发动机

脉冲喷气发动机是喷气发动机的一种，它的前部装有单向阀，之后是含有燃油喷嘴和火花塞的燃烧室，最后是特殊设计的长长的尾喷管（见图 4-37）。

起动时，先将压缩空气打入单向阀，或者发动机在空中运动，使气流进入燃烧室，然后喷油，点火燃烧。燃气从长尾喷管喷出后，虽然燃烧室内的压强同外面大气压强相等，但燃气流由于惯性作用仍会继续向外喷，使得燃烧室内压强显著低于大气压强，空气再次打开单向阀流入燃烧室，喷油点火燃烧，进行后续循环，发动机便可持续工作。发动机的进气、燃烧、排气的循环过程进行得很快，1s可达 40 ~ 50 次。

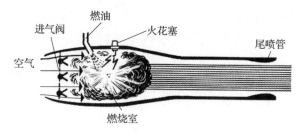

图 4-37　脉冲喷气发动机原理

脉冲喷气发动机具有构造简单、重量轻、造价低的优势，并且可以原地起动，燃烧效率高。二战后期德国的 V-1 导弹就使用了这种发动机（见图 4-38）。

图 4-38　德国 V-1 导弹配置了脉冲喷气发动机

但脉冲喷气发动机的缺点也很明显，它只适于低速飞行，飞行高度也有限。单向阀高频开合，导致振动剧烈，噪声大，工作寿命短。另外，耗油率也比较大，使得它的应用受到限制。

还有一种无阀式脉冲喷气发动机，与基本脉冲喷气发动机工作原理相同，改进之处在于取消了阀片，提升了寿命，工作稳定性也比较高。

4.5.4　脉冲爆震发动机

脉冲爆震发动机是一种基于爆震燃烧的新概念发动机，结构上主要由进气道、爆震室、尾喷管、爆震激发器、阀门等组成。基本工作循环包括：将爆震燃烧室充满可爆混合物；在燃烧室的开口或闭口端激发爆震波；爆震波在燃烧室内传播，并在开口端排出；燃烧产物通过一个清空过程从燃烧室中排出。

与通常的火箭发动机或喷气发动机不同，脉冲爆震发动机在燃烧室内直接利用爆震燃烧产生的爆震波来压缩气体，进而产生动力，因而可以不用传统的压气机和涡轮部件就达到对气体进行压缩的目的，使结构大大简化，成本大大降低。由于爆震波的传播速度极快，达到每秒数千米，因此燃烧过程接近定容燃烧（燃气涡轮发动机为定压燃烧）。定容燃烧的热循环效率高于定压燃烧，所以采用爆震燃烧可以提升推进系统的性能。

与传统发动机相比，脉冲爆震发动机具有结构简单、重量轻、尺寸小、成本低、适用范围广和可在零速度使用等优点。

4.5.5　航空电动机

电动推进系统具有很多优点和独特品质，如效率高、节能环保、噪声和振动水平低，乘坐舒适性好等。此外，还具有结构简单、安全可靠、操作简便、维修性好等特点。在设计上也有很多优势：总体布局灵活，可采用最佳布局和非常规布局，易于满足特殊用途需求等。例如，城市空中交通类的应用，对于噪声和排放非常敏感，电动飞机就具有很强的优势。

美国国家航空航天局（NASA）的全电动飞机项目 X-57，主要目的在于探索高效率飞行器的关键技术，该机采用大展弦比直机翼，两个翼尖装备电动机和螺旋桨，提供推进力。在机翼前缘均布 12 个高升力电动机／螺旋桨（见图 4-39），可以提高机翼的升力，增进飞行效率。

但同时，电动推进系统也面临许多挑战，如重量过大，能源系统结构复杂、能量密度低、成本高，天气和环境适应能力差等。

近年来，对电动飞机的研究成为一个热点领域。电动机技术和电能生成与存储技术的发展，一定会促进电动飞机的实用化，也将会推进飞机设计技术的跃升。

图 4-39　NASA 全电动试验飞机 X-57

第5章　机载系统与武器

5.1　航空电子系统

　　航空电子系统的定义为：各种机载信息采集设备、信息处理设备、信息管理设备和显示设备组成的机载信息网络以及相应的软件。

　　航空电子系统的功能主要可以归结为：利用电子设备的信息捕获和信息处理能力，一方面提升飞行安全性和飞行效率；另一方面也拓展飞机执行任务的能力。例如，现代雷达技术使飞行人员可以回避雷暴（积雨云）、冰雹、下冲气流、风切变等威胁飞行安全的大气现象；现代通信技术可以确保空中和地面的联络（信息交换）；现代导航技术可以保证飞机克服各种复杂的天气状况，顺利到达目的地。对于军机来说，高效的目标探测和信息处理系统可以使飞机的作战效能大大提升，强大的信息集成和交换能力也是现代协同作战的基础。

5.1.1　航空电子系统的发展

　　（1）早期发展

　　最早的飞机上只有很少的仪表，如最早的莱特飞机上只配备了秒表、发动机转速表和风力计（见图5-1）。那时的仪表都是机械仪表，还称不上"航空电子系统"。

图5-1　莱特飞机"飞行者"3号的"仪表盘"，装在驾驶员旁边的支杆上
（右侧是莱特所用的风速表和秒表，算不上专门的航空仪表）

　　一战期间，飞机的仪表（见图5-2和图5-3）很简单，主要有气压高度表、空速表、指示磁航向的罗盘，以及发动机转速表与温度指示器等。

图 5-2　一战期间英国的"骆驼"式战斗机座舱布置

图 5-3　一战期间法国 Spad Ⅲ 的仪表

到了 20 世纪 40 年代，飞机的仪表面板更加复杂了，包括空速表、高度计、垂直速度表（VSI）、陀螺方向仪、转弯指示及姿态指示，见图 5-4 中 DC-3 型飞机的仪表面板。

图 5-4　DC-3 型飞机的仪表面板

传统的机械式仪表相互之间并不共享信息，所谓"航空电子系统信息综合"在那个时代是由机组人员人工完成的。机组人员对飞机各系统提供的实时状态（位置、速度、姿态、大气环境等），以及设备性能进行综合理解后，依靠人工转换各仪表中的指示信息。

（2）发展现状

目前，航空电子系统根据高层次的飞行计划管理，以及通过飞行控制、导航、发动机和燃油管理，结合空中交通管理，能够综合管理各种任务。

虽然现代数字航空电子系统已经使座舱功能发生了革命性的改进，但飞机座舱某些功能，尤其在通用航空领域，仍然依靠基本仪表来实现。

二战以后，飞机飞行性能迅速提高，飞机的速度和高度范围都有大幅度的扩展，对航空电子系统的能力提出更高的要求；相应地，航空电子系统能力的提升也促进了飞机性能的增强。

例如，地面无线电导航台站网络建立后，飞机全天候飞行成为可能。自动定向设备（ADF）是最早建立的无线电信标系统，能够使飞行员识别信标的方位。通过识别两个或更多的无线电信号，飞行员可以通过三角测量原理大致确定飞机位置。甚高频全向信标（VOR）设备改进了 ADF 功能，可以对方位信息进行编码，并传给无线电台站。VOR 结合距离测量设备（DME），可以提供方位和距离信息，确定相对于单个台站的二维位置。

配备仪表着陆系统（ILS）的机场可以提供精确方位和下滑信号，引导飞机进行标准的着陆进近过程。

机场跑道区域的导航台站网络可以帮助飞行员和空管人员进行导航和航路管理。

罗兰（LORAN）系统开发后，可以提供远距离低频导航信号，用于飞行和海上导航。随着卫星导航系统（如全球定位系统（GPS））的出现，罗兰系统渐渐终止使用。

虽然由于 GPS 设备的使用，VOR 和无方向信标（NDB）设备在导航方面的作用逐渐降低，但 ILS 设备作为 GPS 的备用设备，仍然在精密进近方面发挥着作用。

一般来说，现代大型飞机的航电系统的基本架构见图 5-5。

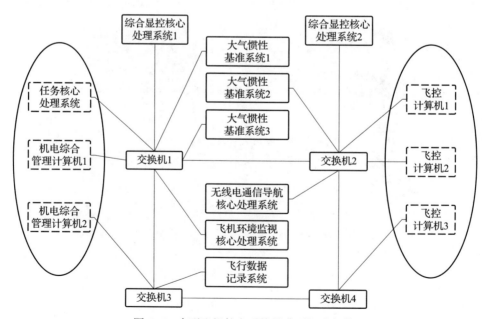

图 5-5　大型飞机航电系统的典型组成架构

（3）发展趋势

航空电子系统是航空和电子两大技术门类相结合的产物，伴随着近年来两大领域的快速进步，航空电子系统及其相关技术呈现出快速发展的态势，主要的发展趋势包括：综合化、模块化、系统体系架构、高性能机载数据网络、新型飞行管理系统等。

随着飞机任务的日益增多和复杂，早先的系统分立模式越来越不适用，需要采用综合模块化航电（IMA）系统架构，即采用集中式的航电任务处理机作为信息处理平台，在高可靠的机载数据总线网络的支持下，实现多种不同系统功能的信息采集、转换、处理与应用，从而将过去大量分立的系统设备转化为了少量综合化设备。

目前，波音 787，A380/350 等大型飞机都已采用这种架构（见图 5-6）。在这一架构下，系统大量使用标准化的外场可更换模块（LRM），从而使得模块的通用性提高，模块类型减少，具备良好的故障检测和隔离能力，同时可通过系统重构，进一步增强系统容错能力，提高系统的可靠性。

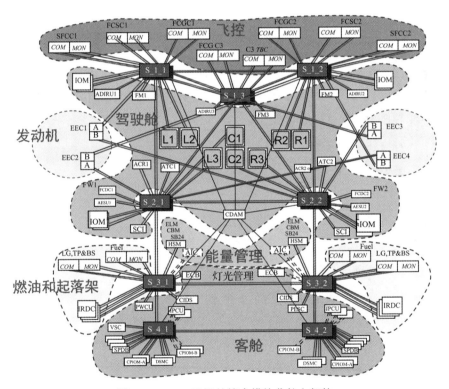

图 5-6　A380 飞机的综合模块化航电架构

近年来，随着航电系统综合化、模块化趋势的不断加剧，集中式的 IMA 架构逐步向分布式综合模块化航电（DIMA）架构发展。在这一架构下，系统的处理、接入、网络、转换资源按照飞机任务区域进行分布式部署，使得数据就近接入、信息就近处理、各系统的功能应用就近执行，克服了原有的 IMA 架构中系统布线复杂、核心处理平台负担过重等问题，代表了航电系统的未来发展方向。

机载总线用于实现各子系统和模块之间的数据交换。航空电子系统需要高带宽、更高可靠性的数据通道，以满足航电系统实时性与可靠性的要求。相比于传统的 IEEE 1553B

总线和 ARINC 429 总线，航空电子全双工交换式以太网（AFDX）基于 IEEE 802.3 以太网和 TCP/IP 通用原理，利用商用货架产品（COTS）网络化技术来实现飞机设备间的数据高速通信，具有高带宽、低延迟、链路冗余链接和纠错等特点，提高了数据传输的可靠性和服务质量。目前，A380 和波音 787 飞机都选择该总线作为机上综合化网络，对飞机的飞行控制、驾驶舱、动力、燃油、客舱、液压、起落架等系统的设备进行互连，其峰值传输速率达到 100MB/s 的水平，数据吞吐量较以往有了大幅提升。

新一代飞行管理系统将不再简单地局限于对于飞机三维运动的优化，而是将逐步提高四维导航与运行能力，使飞机可以与空中交通管制中心共享飞机的精确航迹，实现空地协同控制，可以严格地执行航行时间要求，更加提高飞机运行的精确性、安全性和可预测性。

新型智能显示技术不断进步。综合显示系统是大型飞机的人机接口，随着相关技术的不断进步，综合显示系统将更加人性化和智能化，营造更加直观、简洁和高效的飞机驾驶舱，从而增强飞行员的态势感知能力和飞行操控能力。以波音 787 飞机为例，该飞机的驾驶舱内采用了 5 个大尺寸的有源矩阵液晶显示器（AMLCD）和两个平视显示器（HUD）（见图 5-7），在进近与着陆等关键飞行阶段，这些显示器能为飞行员提供从下视显示器到平视显示器的无缝信息迁移。同时，各显示器可实现互换和互为备份，当一台显示器故障时，其他显示器可立即对显示内容进行实时切换重构，保证飞行员的关键飞行参数显示不中断，从而确保飞行操控的安全性和连续性。

图 5-7　波音 787 的飞行面板

此外，为了应对复杂地形和恶劣气象对飞行安全带来的威胁，进一步提升飞机的环境适应能力，综合显示系统将结合当前虚拟现实和增强现实领域的最新技术成果，将合成视景系统（SVS）、增强视景系统（EVS）、平视显示、自动语音识别（ASR）等多种新技术进行综合应用，从而进一步降低飞行员工作负担，提升态势感知能力。

5.1.2　航空电子系统的基本组成

不同类型的飞机根据其任务使命和应用环境的不同，其航空电子系统的组成、功能和配置也有一定区别，但总体上看，航空电子系统的主要功能是：在大型飞机运行过程中，根据其任务需要和环境特点，完成信息采集、任务管理、导航引导等基本飞行过程，为飞行机组提供基本的人机接口，确保飞行机组的态势感知和飞机系统管控能力，使得飞行机组能够及时、有效地管理和控制飞机安全、可靠地按照预定航迹飞行，高效地完成相关任务。

航空电子系统划分为多种不同的、有显著设备特征的分系统。

①通信系统：主要承担飞机与外部的语音和数据传输，确保飞机与地面之间建立稳定的通信联络。

②导航系统：通过多种导航传感器实时采集并测量飞机运动信息，通过各种监视手段及时获取危险地形、恶劣气象等飞行安全威胁信息，保证飞行的安全和经济。

③飞行管理系统（FMS）：根据飞机的实际任务需要，完成飞行过程中的航迹预测、自动控制和性能优化等工作，确保飞机的飞行航迹和剖面能够满足执行相关任务的需要。

④大气数据系统（ADS）：综合处理总压／静压系统和外部大气温度传感器的数据，提供气压高度、空速、垂直速度和外界大气信息。

⑤综合显示系统：为飞行机组提供全面、清晰、直观的包括高度、航向、姿态、空速、地速、马赫数、位置等在内的飞行信息显示，帮助飞行机组准确及时地掌握飞行动态和飞机工况，从而更加安全高效地完成飞行操作任务。

⑥核心处理系统：以核心任务处理计算机、机载嵌入式实时操作系统和机载总线网络等为基础，完成机上相关系统设备的互联互通，为各项系统任务提供基本的处理平台。

⑦机载维护系统：实时接收、汇总和分析机上各系统提供的相关数据，及时发现、诊断和定位相关机载系统和设备的故障状况，有针对性地制定并采取相关的维护策略，从而保证飞机的可靠运行。

军用飞机通常还有任务计算和控制系统、敌我识别系统、电子战系统等。

（1）通信、导航和识别（CNI）系统

现代飞机的 CNI 系统已不再是一个个分立的电子设备，而是一整套具备综合管理和控制、资源共享和统一调度的系统。这个综合系统具备安全、多通道、多频段语音通信能力，通过数据链进行数据交换、超视距敌我识别以及对编队飞行的飞机显示器进行同步的能力。

例如，F-35 战斗机（见图 5-8）的 CNI 系统采用软件无线电（SDR）技术，使用可重新配置的 RF 硬件和计算机处理器软件来运行产生所需波形，能够管理超过 53 种不同的 CNI 波形。其中一种新的波形就是为 F-35 开发的多功能高级数据链路（MADL），它具有非常高的数据传输速率，并且很难被截获和干扰，使飞机可以进行隐身通信，并以菊花链的方式联系大量节点的其他 F-35。

F-35 装备具有低可检测性能的 Link-16 全套通信，可以共享信息给其他飞机，增强其态势感知能力，这就让一架耗尽弹药的 F-35 可以继续作为预警机，执行网络中心战。当 F-35 检测到一枚弹道导弹，它可以把这些信息发送给一艘可以用 F-35 的目标数据来发射 SM-6 导弹的舰船，从而扩大"宙斯盾"系统的射程，或者提供地理坐标数据给某个地方的车辆，以及炮兵的炮弹/火箭或导弹等。通过机载有源雷达，其通信系统可以快速地发送或接收大量的数据。

图 5-8　F-35 的 CNI 系统功能

CNI 系统中各个分系统的工作原理如下。

①通信系统

现代通信主要利用无线电。飞机上装载电台，可以与地面或其他飞机通信联络；也可以利用卫星通信。

无线通信，即利用无线电波（电磁波）在空间传输电信号。按使用的无线电波段和频率，可分为超长波、长波、中波、短波、超短波、微波和亚毫米波等（见表 5-1）。

表 5-1　无线电波和频率划分表

波段（粗分）	波段（细分）	频段	波长	频率
超长波	超长波	甚低频	10 ~ 100km	30 ~ 3kHz
长波	长波	低频	1 ~ 10km	300 ~ 30kHz
中波	中波	中频	200 ~ 1000m	1500 ~ 300kHz
短波	中短波	中高频	50 ~ 200m	6000 ~ 1500kHz
	短波	高频	10 ~ 50m	30 ~ 6MHz
超短波	米波	甚高频	1 ~ 10m	300 ~ 30MHz
微波	分米波	特高频	10 ~ 100cm	3000 ~ 300MHz
	厘米波	超高频	1 ~ 10cm	30 ~ 3GHz
	毫米波	极高频	1 ~ 10mm	300 ~ 30GHz
亚毫米波	亚毫米波	超极高频	1mm 以下	300GHz 以上

卫星通信是利用地球同步轨道上的卫星实现通信功能。航空移动卫星通信（AMSS）的研究始于 20 世纪 70 年代初。国际海事卫星在其第二代卫星上设计了 AMSS 专用转发器，主要提供空中交通管制服务（ATS）、航务管理通信（AOC）、航空行政通信（AAC）和航空旅客通信（APC）等服务。

②导航系统

导航系统是现代航空电子系统中的重要子系统，它的主要用途是引导飞机按照预定航线飞到预定地点，并随时给出飞机准确的即时位置。同时，导航系统还可与其他系统配合完成一定的任务，如投弹、救援、侦察、预警等。

导航系统可分为自主式导航和他备式导航（需要其他外部设备）。

按技术手段的不同，可分为无线电导航、惯性导航、卫星导航、图像匹配导航和天文导航等。

③敌我识别

从原理上，敌我识别系统可分为非合作式和合作式两大类。

非合作式是使用高分辨率目标探测传感器来识别目标特征（如图像、雷达或红外特征），优点是不需加装设备进行配合，缺点是无法在同一机型中区分敌我。

合作式，又称电子问答识别，系统由询问器、应答器和译码器等部件构成。

敌我识别很重要，但难度也很大，许多国家仍在大力开发各种增能技术。

（2）探测系统

所谓探测系统，就是借助敏感器件探测周围的环境和目标。通常可以借助磁场、声波、光波、电磁波、放射性等进行探测。其中，借助电磁波的雷达探测和借助光波的光电探测应用最广。

雷达是最常用的，也是现代飞机必不可少的重要装备（见图 5-9）。雷达性能的优劣也成为飞机总体性能的重要标志之一。

F-16，APG-68火控雷达

F-15C，APG-63雷达

F-35，APG-81相控阵雷达

图 5-9　机载雷达

常见的雷达类型有火控雷达、预警雷达、监视和侦察雷达、气象雷达等。

现代飞机上常见的红外探测系统，从广义上来说也是一种雷达，它属于被动雷达，以目标在红外波段的能量辐射作为探测基础，实现对目标的识别和定位。

（3）航空电子战系统

电子战，又称电子对抗，指使用电磁能和定向能控制电磁频谱或攻击敌军相关设施的军事行动。

电子战包括电子战支援、电子攻击和电子防护三个部分。

目前，电子战频谱从甚低频一直延伸到红外和可见光。无论通信、导航、雷达和导弹制导系统工作在哪一个频段，电子战系统都能截获并对其进行对抗。

电子战已逐渐成为现代战争中至关重要和不可或缺的作战手段。

（4）座舱显示和控制

座舱的显示和控制是飞行员与飞机交互的界面，又称人机接口。飞行员通过这个界面了解飞机的状态，也通过这个界面发送自己的操作意图，因而座舱的显示和控制对于飞行安全和操控效能有着重要的影响。

早期的飞机装备主要是机械式、磁电式、机电伺服式组合仪表（见图5-10和图5-11），这些仪表大都利用部件的位置或相对运动来显示被测参数值，如指针–刻度盘、指标–刻度带、标记、图形、机械式计数器等。

这种显示系统结构简单，显示清晰直观。指针–刻度盘和指标–刻度带的显示还能反映被测参数的变化趋势。但缺点在于：运动部件之间的摩擦会影响显示精度；寿命短；易受振动、冲击的影响；噪声大；在低亮度环境下需要照明；不易实现综合显示。

另外，随着座舱仪表数量的增多，座舱面板变得拥挤，非常不利于机组飞行人员的判读。

图5-10　二战时期，英国"喷火"战斗机的仪表

图5-11　20世纪60年代，俄罗斯米格-23的仪表

随着电子技术、计算机技术等的飞速发展，20世纪70年代后期，飞机上出现了电子式显示器，显示信号可以是数字、符号、图形或它们的组合形式（见图5-12）。

电子显示器的显示灵活多样，并且易于实现综合显示，大大减少了仪表的数量，使仪表板布局简洁，便于观察（见图5-13和图5-14）。由于没有机械部件，消除了传递过程中的附加误差，显示精度高，所用的固态器件寿命长、可靠性高。

图 5-12　20 世纪 80 年代，美国 F-15 的仪表

图 5-13　美国 F-35 装备了全景式座舱显示器

图 5-14　波音 747-400 与波音 747-200 飞行面板的对比

　　电子显示器以及图形显示方式的介入，改善了座舱面板拥挤的问题，也使得一些复杂飞行状况的显示变得更灵活、方便和直观。

　　电子显示器也经历了阴极射线管（CRT）显示器到平板显示器的发展阶段。平板显示器有液晶显示器（LCD）、等离子显示器（PDP）和有机电致发光显示器（OLED）等类型。现代飞机座舱中已逐渐使用 LCD 替代了 CRT 显示器，未来 OLED 显示器则很可能会成为主流。

　　目前 OLED 显示器技术还不太成熟，但它的优势也很显著，例如，厚度薄、重量轻、抗振性好、视角宽、响应速度快、低温特性好、功耗低等。

随着航空电子技术的发展，飞机上各种子系统所接收、产生的信息种类和数量不断增加，除系统整体的信息处理能力需要提高外，飞行员的负担逐渐加重，需要显示设备也相应地发展进步。

目前，飞机座舱仪表正向着综合化方向发展，比较典型的有触敏显示/控制器、高清晰大屏幕全景显示/控制器等，在显示屏上根据需要显示系统的简化图形和控制开关，只要触摸相应的开关就可以进行控制，实现显示与控制的一体化；另外，采用触敏与语音控制，使用标准菜单式结构和交互式界面，不仅可以显示平面视图，也可以显示三维视图，还可以显示分屏或镶嵌图像，运用数据融合、透视、重构、分屏、插入、立体声等先进技术，显示整个运行过程所需的数字地图、全景图像或系统状态，这将带来座舱显示和控制的又一次革命。

（5）空管雷达

空中交通管理是民航飞行管理中一个重要的部分，它的目的是确保飞行安全，实现空中交通管制和提高空域容量。空管雷达是其中重要的信息获取部件，随着雷达技术的进步和微电子技术的快速发展，空管雷达的功能越来越完善，同时也促进着空管系统能力与水平的提升。

目前，发达国家的空中管制系统已实现组网监视，所有在飞行中和在机场内滑行的飞机都受到雷达系统的连续监视，如监测机场内部的机场场面监控雷达（SMR）、精密进近雷达（PAR），监测机场周围的机场监视雷达（ASR）、单脉冲二次监视雷达（MSSR），城市间的 MSSR 和航路监视雷达（ARSR）等。

5.2 飞行控制系统

5.2.1 飞行控制系统的功用

简单来说，飞行控制系统（简称飞控系统）的作用就是将控制指令转化为动作。控制指令可以来自驾驶员，也可以来自其他信号源。所谓动作，包括各个操纵面的动作、油门调节和其他改变飞行状态的操作。

通过这些动作，可以实现对飞机的姿态、轨迹、空速、气动外形、乘坐品质和结构模态的操纵。

飞控系统的功能归结起来有两点：①实现自动飞行；②改善飞机的操稳特性。

自动飞行能力指的是，飞控系统在无人参与的情况下自动操纵飞机按规定的姿态和航迹飞行，通常可实现对飞机的三轴姿态角和飞机三个方向的空间位置的自动控制与稳定。例如，无人驾驶飞行器，实现完全的飞行自动控制；对于有人驾驶的飞机（如民用客机或军用飞机），在某些飞行阶段，如巡航段，驾驶员可以不直接参与操纵，而由飞行控制系统实现对飞机飞行的自动控制。

飞机具备自动飞行能力，可以在长距离长时间飞行时减轻驾驶员的工作负担，降低疲劳程度；也可以在恶劣天气或复杂的环境下，辅助驾驶员实现对飞机姿态和航迹的精确控制。

改善飞机的操稳特性包括：增强飞机的稳定性和操纵性、改善飞行品质、创新飞行动作、增强任务能力等。

一般来说，一架飞机在设计制造完成之后，它的飞行性能和飞行品质就已确定了。但随着飞行高度及飞行速度的增加，飞机自身的特性将会变坏。例如，飞机在高空飞行时，由于空气稀薄，飞机的阻尼特性变差，容易导致飞机的姿态角严重摆荡；随着飞行速度的增加，尤其是到了跨声速和超声速阶段，飞机的焦点大幅变化，也会造成操纵性能恶化。这时驾驶员人工操纵飞机会变得很困难。此外，现代飞机在设计时，为了减小质量和阻力，提高有用升力，会将飞机设计成静不稳定的。对于这种静不稳定的飞机，驾驶员也是难于操纵的。对于这些情况，飞控系统的增稳功能可以起到很好的改善作用，通过操纵面的主动动作，使飞机的表现像稳定的飞机一样，也就是说，改善了飞机的飞行品质。

5.2.2 飞行控制系统的发展

飞机的飞行控制系统经历了从简单机械式到液压式再到电传操纵的过程。

最早的飞行控制是简单机械式的，由连杆、钢索、摇臂、铰链和滑轮等机械装置构成，现在有些小飞机也还采用这种装置（见图 5-15）。

机械式操纵系统有硬式、软式和混合式几种类型。

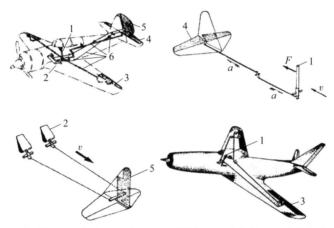

1—驾驶杆；2—脚蹬；3—副翼；4—升降舵；5—方向舵；6—连杆/钢索

图 5-15　飞机主操纵系统

所谓硬式，是由拉杆、摇臂、支架构成，也就是说，传动部件都是"刚硬"的。其优点是操纵敏捷，生存力强；缺点是重量较大，构造复杂，难于绕过内部结构。高速飞机上广泛采用这种类型。

所谓软式，是由钢索、滑轮、支架构成，主要传动部件是钢索。它的优缺点与硬式的相反，多用在速度较低的飞机上，也广泛地用在脚操纵上。

混合式就是混合以上两种，一般升降舵使用硬式，方向舵和/或副翼可以采用软式。

随着飞机尺寸、重量和飞行速度越来越大，靠人力已经无法提供足够的操纵力，因而出现了利用液压助力的控制系统（见图 5-16）。控制动作驱动液压系统，再由液压系统提供驱动舵面的力或力矩。

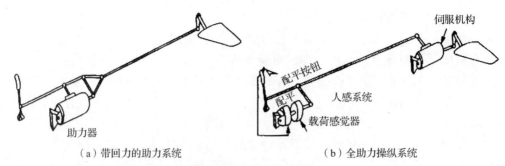

（a）带回力的助力系统　　　　　　　　（b）全助力操纵系统

图 5-16　助力操纵系统

到了 20 世纪 70 年代，随着微电子技术和计算机技术的发展，飞控系统中开始使用计算机和电路连接，发展出电传操纵控制系统（fly-by-wire）。在这样的系统中，驾驶员指令转换为电信号，由线缆传至飞控计算机，飞控计算机根据指令和飞行状态计算出如何最佳地给每个操纵面发送指令，驱使飞机实现操纵意图。

5.2.3　飞控系统的组成与原理

（1）飞控系统的组成

飞控系统通常包括操纵与显示装置、传感器、计算机、作动器、自测试装置、专用信息传输链及其接口装置等。

①操纵与显示装置：驾驶员输入飞行控制指令和获取飞控系统状态信息的设备，包括驾驶杆、脚蹬、油门杆、操纵面板、专用指示灯盘和电子显示器（多功能显示器、平视显示器等）。

②传感器：飞机上的敏感器件，用以测量飞机运动的参数（如航向角、姿态角、角速度、位置、速度、加速度等）、大气数据以及相关机载分系统（如起落架、机轮、液压源、电源、燃油系统等）的状态信息，并提供给飞控系统，用于控制、导引和模态转换。

③飞控计算机：飞控系统的"大脑"，用来完成控制逻辑判断、控制/导引计算、系统管理，并输出控制指令和系统状态显示信息。

④作动器：飞控系统的执行机构，按照飞控计算机的指令驱动飞机的各种舵面、油门杆、喷管、机轮等，以产生控制飞机运动的力和力矩。

⑤自测试装置：用于飞行前、飞行中、飞行后和地面维护时对系统进行自动监测，以确定系统工作是否正常并判断出现故障的位置。

⑥信息传输链：在系统各部件之间传输信息。常用的传输链有电缆、光缆和数据总线。接口装置用于飞控系统与其他机载系统之间的连接，不同的连接情况可以有多种不同的接口形式。

（2）飞控系统工作原理

飞控系统的工作原理与人工驾驶飞机的原理基本类似。举例来说，飞机在飞行过程中，由于某些外界干扰使飞机抬头，偏离了原来的平衡状态，人工操纵的过程是这样的：驾驶员从地平仪上观察到姿态角的变化，反映到大脑中，经过判断做出操纵飞机的决策，推动驾驶杆，驱动升降舵向下偏转，产生相应的下俯力矩，使飞机低头恢复水平姿态。

当飞机逐渐恢复平衡状态时，逐渐将驾驶杆收回原位。从控制原理上看，这是一个反馈系统。

对于自动飞行过程，敏感元件感受到偏离方向和大小，并将相应信号传输至飞控计算机，经计算处理，输出指令到执行机构（舵机），驱动升降舵面进行相应偏转（见图 5-17）。整个系统是按负反馈原则连接的，其结果使飞机趋向原始状态。当飞机回到原始平衡状态时，敏感元件输出信号为零，舵机以及与其相连接的舵面也回到原位，飞机重新按原始状态飞行。

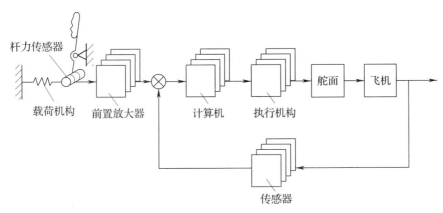

图 5-17　飞控系统原理图

5.2.4　自动飞行控制系统

自动飞行控制系统由自动驾驶仪、自动油门杆系统、自动导航系统、自动进场系统和自动着陆系统以及自动地形跟随 / 回避系统构成。

（1）自动驾驶仪

自动驾驶仪可以代替驾驶员操纵飞机，实现自动飞行。它的主要功能是航向角、姿态角的给定和保持，以及飞行高度（包括气压高度和相对高度）的给定和保持。在长时间的稳定飞行中使用自动驾驶仪控制飞机，可以大大减轻驾驶员的工作负担。

（2）自动油门杆系统

自动油门杆系统通过驱动油门杆改变发动机推力，可以对飞机的飞行速度或马赫数进行自动控制。

自动油门杆与自动驾驶仪配合工作，可以精确控制飞机的航迹、姿态及飞行速度。这对于飞机的自动进场 / 着陆、自动地形跟随 / 回避以及四维制导飞行，都起着非常重要的作用。

（3）自动导航系统

自动驾驶仪与导航系统交联，即构成自动导航系统。导航系统通过总线或其他装置（如飞行管理计算机）将飞机当前的位置和航向偏差信号送入自动驾驶仪计算机，由自动驾驶仪计算机形成并输出控制指令，将飞机的位置和航向调整到并保持在预先给定的航线上飞行。

（4）自动着陆系统

目前，民航机场主要使用的着陆无线电导航系统为仪表着陆系统（ILS）和微波着陆系统（MLS）。对飞机自动着陆来说，仪表着陆和微波着陆系统都是使用非目视着陆引导设备，其基本原理都由机场上的设备在跑道上空形成下滑道，飞机上安装了相应的无线电接收机。当飞机偏离下滑道时，接收机输出相应极性和幅值的信号，通过自动驾驶仪操纵舵面，使飞机进入下滑道。

例如，如果飞机处于下滑道上方，接收机将输出反映上方极性的信号，通过自动驾驶仪使升降舵面后缘向下，产生低头力矩，使飞机降低高度，进入下滑道。持续这个过程，使飞机保持在下滑道上，逐渐接近地面，实现自动着陆。

（5）自动地形跟随/回避系统

自动地形跟随/回避系统主要用于军机，控制飞机在超低空（一般指相对高度100m以下的空域）突破敌人防线的飞行。利用地形、地物造成的雷达盲区和杂波反射进行隐蔽，使敌人防空雷达很难发现。

自动地形跟随/回避功能，需要使地形探测和定位系统与飞机的自动驾驶仪和自动油门杆系统联合实现相交联。

常用的地形探测和定位系统是地形跟随和地物回避雷达。目前，一些先进的军用飞机已经采用惯性导航/全球定位系统的组合导航系统（INS/GPS）与三维数字地图相配合的自主定位系统作为自动地形跟随/回避系统的主信息源，以低可探测性的激光测距器等为辅助手段实现超低空突防飞行，进一步提高了低空突防的隐蔽性。

5.3 其他机载系统

5.3.1 电源系统

飞机电源系统分为发电系统和配电系统两大部分。

发电系统由主电源、二次电源、辅助电源和应急电源组成。主电源包括机载发电机和电源控制保护装置。发电机由发动机带动发电，直接或间接向飞机上所有用电设备供电，二次电源是将主电源的部分电能转换成另一种电压、电流或频率，供某些设备使用。

辅助电源主要用于在地面或维护时为飞机的电气设备供电，也用于起动发动机。另外，在飞行期间，也可用于弥补主电源的不足。应急电源为独立的电源系统。当飞机主电源在飞行过程中发生故障时，应急电源向飞机上的重要设备供电，保证飞机安全返航。应急电源由蓄电池或应急发电机组成。

配电系统由馈电电缆、汇流条、配电板以及配电器件组成，用于将电能传输到用电设备。配电系统的功能在于保证对飞机各部分可靠地输配电能，管理各类电气负载并保护用电设备。

现代飞机的驾驶舱的仪表板越来越多地使用大尺寸显示器，使用功能更强的电子设备，同时客舱也越来越强调乘坐舒适度，这些都对电源系统提出了更高的要求，需要更大的发电功率。

近年来，随着大功率半导体器件和电机技术的发展，飞机主电源系统已经开始从低压直流、恒频交流向高压直流、变频交流的方向转变。另外，起动／发电一体化技术、高速高温超导电机、高温电力电子技术、固态配电技术等新技术也对飞机电源的发展起着促进作用。

5.3.2 第二动力系统

在飞机上加装一套或几套独立于主发动机的动力系统，提供气、电、液及轴功率等，以满足应急能源、发动机起动或其他辅助能源的需要，这类动力系统统称为第二动力系统。

第二动力系统主要包括辅助动力装置（APU）、应急动力装置（EPU）和组合动力装置（IPU/AEPU）等。

（1）辅助动力装置

20世纪60年代，APU被引入飞机设计中，从而使飞机不再依赖地面电源车、起动车和空调车。

早期的APU仅是一种机载的地面支援设备，为飞机提供地面维修、检查、环控和主发动机起动所需的电源和气源。随着现代飞机的发展，机体变得越来越大，越来越复杂，电子、电气设备越来越多，致使用气量和用电量亦越来越大，飞机对APU系统提出了更高的要求：在飞机起飞时，发动机功率可全部用于加速和爬升，而由APU提供所需的电源和气源；在飞行过程中关闭APU，飞机所需电源与气源由主发动机提供；并且要求APU在整个飞行过程中能够随时启动，以保证飞行安全。

目前的飞机系统对APU的主要要求有：

①输出电功率，APU要能够驱动发电机输出电功率给飞机系统。

②提供气功率，根据飞机系统的需求，APU能提供环控和主发动机起动所需的气源。

③全包线启动，随着飞机系统对主发动机要求的提高，应尽量避免使用主发动机功率，因此需要APU在整个飞行过程中能够随时启动。

④数字电子控制已成为现代航空发动机控制的关键技术，能够保证发动机系统的可靠运行。全权限数字电子控制技术也是辅助动力装置的关键技术之一。

传统的APU是在小型涡轴或涡桨发动机基础上发展起来的，多数APU通过自由涡轮或由转轴驱动的负载压气机产生飞机所需的电能、液压能和气源，也有采用级间引气法提供飞机所需气源。现代大型APU结构变化比较大，采用离心式与轴流式相混合的压气机与涡轮系统。当飞机系统不需要引气时，负载压气机的进口导向叶片关闭，只有少量空气进入负载压气机（用于发电机的冷却），以减小系统的载荷和油耗。

（2）应急动力装置

应急动力装置（EPU）是指在紧急情况下为飞机提供必要的电能和液压能，保证飞机能够安全着陆的应急系统。

在一些紧急状态下，如主发动机发生故障（尤其是单发飞机），且APU不能重新启动或快速及时启动，此时飞机失去飞行的动力和必要的电能与液压能，可能会导致机毁人亡。这时就需要应急动力装置为飞机提供应急电能和液压能。

应急动力装置通常处于储存和非激活状态，一旦需要，它必须即刻工作为飞机提供持续的能量输出。对于双发飞机，EPU 是可选的；但对于单发飞机，EPU 是必需的。

目前，EPU 系统在军用飞机上应用比较广泛。现代战斗机对 EPU 系统的一般要求如下。

①快速启动：典型的 EPU 系统要求能够快速启动，在 5s 内达到最大功率（额定功率）输出。

②高性能：要求 EPU 能在整个飞行包线内可以随时启动，为飞机提供动力。在主发动机不能重新起动的情况下，能够保证飞机安全着陆。

③高功率：EPU 能够提供充足的电能，包括液压瞬载；单发故障时，能够保证飞机被控制并且着陆。

（3）组合动力装置

组合动力装置（IPU）是集 APU 和 EPU 功能于一体的动力装置。在飞机起动时提供主发动机所需的动力和环控系统所需的电能和气源；在应急情况下，为飞机系统提供应急动力能源。

目前组合动力装置 / 系统有两种结构模式。一是将 EPU 的涡轮和燃烧室与 APU 综合，共享一个齿轮箱，驱动同一液压泵和发电机。这种结构 IPU 体积和重量相对于 APU 和 EPU 两个系统有了很大的缩减，更加便于机体安装，使用同一个电子控制系统，增加飞机的可靠性和维修性。二是将 EPU 和 APU 融合，共同使用一个燃烧室和涡轮，如美国在研的 F-35 战斗机的 IPU 系统，它采用磁悬浮轴承而不是传统的润滑系统。这种结构较上一种更为简单，但控制系统更为复杂。

5.3.3　燃油系统

燃油系统是飞机上储存燃油，向发动机和其他辅助动力装置供给燃油的整套装置。

燃油系统主要包括燃油管理系统、加 / 放油系统、供 / 输油系统和油箱等。

5.3.4　空中加油系统

装备空中加油系统的加油机可以在飞行过程中为受油机补充燃油，能够有效提高飞机的续航性能。

常用的空中加油方式有伸缩杆式和插头锥套式两种。

伸缩杆式设备又称硬管式加油系统（见图 5-18 和图 5-19），安装在加油机的机身内，可伸缩的半刚性加油管的管头油嘴位置有对称布置的 V 形舵面，可以控制加油杆的位置。硬式加油的优点是输油速度快，稳定性好；缺点是需要专门的加油员和加油操作舱，受油机与加油机配合难度大，而且每次只能给一架飞机加油。

插头锥套式又称软式加油系统，由软管锥套和卷盘传动部分组成（见图 5-20 和图 5-21）。卷盘传动部分可以在加油过程中根据受油机位置自动调节软管长度。

软式加油的优点是不需要设专门的加油员，一架飞机可以安装多套装置，同时为多架飞机加油，结构简单；缺点是输油速度慢，同时加油过程中对大气湍流比较敏感。

图 5-18　硬管式空中加油

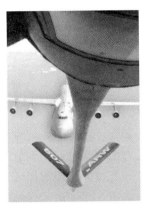

图 5-19　加油管特写

图 5-20　软式加油系统进行多机加油

图 5-21　加油软管锥套

5.3.5　环境控制系统

环境控制系统的任务是保证飞机内部（包括驾驶舱、乘客舱、设备舱等）的空气压力、温度、湿度、洁净度和气流速度等符合需求。这些需求包括人体生理需求和电子设备正常工作的环境需求。

环境控制系统通常包括引气分系统、加温和制冷分系统、空气分配分系统、调节控制分系统及显示设备等。

5.3.6　生命保障系统

生命保障系统是保证飞行员正常工作，并能在飞机不可挽回的情况下安全救生的关键设备，主要包括飞行员个体防护装备和氧气系统。

飞行员个体防护装备可以在执行任务的过程中，在高空、高速、高过载、强噪声、生化武器等有害环境下，对飞行员的头部、颈部、躯干、呼吸道等部位进行有效的保护，保护飞行员安全。

氧气系统是保证飞行员在低气压或高过载状态下可以正常工作，或在座舱损坏失去气密、高空弹射或坠入水下时短期维持生命安全的关键防护救生设备。

生命保障系统主要有以下功能。

①高空缺氧防护。高空的大气压强和空气密度都比地面低很多，氧气浓度不足以维持生命，所以需要辅助的供氧设备。这类设备一般采用高压氧气、液氧或化学氧作为气源。

②高过载防护。战斗机在做机动飞行时产生的正过载可达 8 ~ 9，超过了飞行员的耐受能力（一般过载为 4.5 ~ 5）。穿着抗荷裤可以将抗过载能力提高 1.5 ~ 2，它的原理是在飞行员腹部和腿部加压，阻抗血液过度向下流动。20 世纪 70 年代以后，广泛使用改善的抗荷裤，并辅以代偿加压呼吸来解决高过载（+9）和长持续（15s）情况下出现的飞行员意识丧失情况。

③个体热防护。当座舱环境控制系统调温能力不足，调温服可以用于保持温度舒适。在飞行员应急跳伞的情况下，尤其是海上跳伞后落入水中时，调温服可用于延长飞行员存活时间，赢得更多的获救机会。在海上应急跳伞落水后体温丧失极快，一般来说，浸泡在 15 ~ 20℃的水中人可存活 12h，在 10 ~ 15℃的水中多数人可存活 6h，在 5 ~ 10℃的水中仅有一半人可存活 1h。高效调温和抗浸服可保证飞行员在 4℃的水中浸泡 1.5 ~ 2h。

④其他功能。其他功能如必要的生存待援装备，包括救生电台、水上漂浮装置以及自救工具等。另外，还需要有防化学武器、生物武器和核辐射的能力。

5.3.7　弹射救生系统

弹射救生系统是在飞机不可挽回的情况下，使得飞行员迅速脱离飞机的安全救生设备（见图 5-22）。

图 5-22　弹射座椅

从二战末期到现在，国外已发展了三代弹射座椅。第一代是弹道式弹射座椅，出现于 20 世纪 40 年代中期到 50 年代中期，工作方式是先将驾驶员和座椅整体弹出，待人椅分离后打开救生伞。

第二代是火箭弹射座椅，出现于 20 世纪 50 年代中期到 60 年代中期，它的弹射分为两个过程，首先弹射机构将人 – 椅弹射出舱，然后由火箭包继续推动人 – 椅向上方运动。由于有了推进过程，有效提高了弹射高度，解决了低空弹射的开伞问题，甚至可以做到零高度 – 零速度弹射。

第三代为双态弹射座椅。所谓双态，即速度状态和高度状态。三代座椅可根据弹射离机时的速度、高度选择不同的延迟时间，控制救生伞及人椅分离的时机，一定程度上提高了低空、中低速不利状态下的救生性能。

第三代座椅虽然解决了速度和高度的双态控制，但是在不利姿态下的救生能力、应急离机环境的适应能力、高速气流防护以及高速弹射时的稳定性等方面还存在一定的缺陷，无法满足现代战斗机的需求。

大多数弹射状态都是发生在飞机受损、飞控异常、动力停车、机翼失速等异常情况下，其姿态、速度与高度可能都不利于弹射跳伞程序。而在这些恶劣条件下，要实现有效救生，新一代的座椅需要具备推力矢量可控和飞行可控技术，并在此基础上发展自适应救生能力和生命威胁逻辑控制等，具有相当大的难度。因此，虽然第四代弹射座椅从 20 世纪 70 年代末就开始研发，但到目前还未成熟。

5.3.8　空投空降系统

空投空降系统是大型军用运输机独有的系统，它是用伞或者其他有效减速装置从飞行器上投放物品或人员的装置（见图 5–23 ~ 图 5–25）。

空降兵部队迫切要求各种重型装备及物资能快速部署，以提高其快速反应和空降作战能力，形成自己的压制火力和战场机动能力，赢得战争的主动权。因此，用于空投重型装备的重装空投系统的发展已成为空降兵部队提高战斗力的关键之一。

重装空投系统主要用于从大中型运输机上将重型武器装备、弹药、给养等物资空投至指定区域，可进行空降作战，支援陆、海军作战。

一般重装空投系统主要包括牵引伞系统、主伞系统、平台系统等。牵引伞系统用于将货物从机舱内牵出并启动主伞系统；主伞系统用于将货物减速至允许的下降速度范围内；平台系统用于承载货物和载机空投设备对接。此外，重装空投系统中还包括用于着陆时物伞分离的主伞脱离锁，以防张满的主伞将货物拉翻，以及用于实现牵引伞系统离机转换的牵引锁等。

一般从 500 ~ 1500m 高度实施空投的系统称为标准空投系统，从 3 ~ 7m 高度实施空投的系统称为超低空空投系统。

飞机的空投能力体现在飞机能否按规定方式空投一定重量和数量的物资。

飞机空投时需要解决的重要问题是如何应对货物移动时对全机重心的影响。因为一旦全机重心移动到中性点之后，飞机就变为静不稳定，随着速度增加，飞机稳定性发散会更快。这就需要飞机本身具有良好的操控特性。大多数情况下，如果确定了飞机构型、货台重量、牵引比、重心和空投速度等因素，就可以在起飞前预测全行程飞机基本响应，可以更好地规划任务和操控飞机。

图 5-23　伊尔 -76 运输机空投 03 式伞兵战车　　　　图 5-24　美军 C-130 运输机空投物资

图 5-25　大型运输机 C-17 打开尾门空投重装备

在空投方面，有几个研究的重点。一是提升空投重量，这需要提升载机的运载能力。二是多样化的空投方式，如在距地面数米的地方实施精确的超低空空投；或采用重型翼伞精确空投系统，能从数十千米外将货物准确遥控至空投场。三是着陆缓冲装置，如火箭缓冲空投系统，使用小型火箭实现战车的软着陆等。

5.4　武器系统

航空武器系统，又称机载武器系统，是军用航空器上的武器及相关装置组成的软、硬件综合系统。

航空武器系统的基本功能是对目标进行探测、识别、跟踪和攻击。

航空武器系统由航空火力控制系统（简称火控系统）、航空武器和悬挂发射装置构成。

5.4.1　火控系统

火控系统是对目标进行探测、识别、跟踪和瞄准，进而控制各种武器的投射方向、时机、密度和持续时间的机载电子设备的总称。

火控系统是机载武器的控制、管理与作战指挥中心。

以战斗机为例，火控系统的主要功能有：

①引导功能：引导战机进入作战区，沿着最佳航路接近目标；

②测量功能：搜索、识别、跟踪目标，测量目标及本机的运动参数；

③解算功能：将目标及本机的运动参数和其他作战态势数据融合，进行火力控制计算，并处理指挥决策与告警状态信息。

④指挥功能：进行战斗决策，并进行作战指挥和信息交换。

⑤显示功能：将引导、瞄准、告警、指挥、决策及武器状态等的信息以符号和画面形式在显示设备上显示出来，供飞行员判定和参考。

⑥控制功能：控制武器的发射方式和数量，装定制导武器所需的引信和飞行任务参数。对运动过程中的制导武器进行所需的引导。

⑦记录功能：作战过程的记录与重现。

5.4.2　航空武器

现代航空武器种类繁多，用途各异。常用的有空空导弹、空地导弹、航空炸弹、航炮、航空鱼雷和航空水雷等。除了上述常规武器外，近来还出现一些新概念航空武器。

（1）空空导弹

所谓空空导弹，就是空中发射、攻击空中目标的导弹（见图 5-26 和图 5-27）。空空导弹有几种不同的分类方法，按作用距离，可分为近距（几千米至几十千米）、中距（一般认为七八十千米至 150km）、远距（大于 150km）；按制导方式，可分为红外、雷达、图像、激光制导等，还可分为单一制导和复合制导。

图 5-26　美国 AIM-120 空空导弹　　　图 5-27　中国霹雳 12 空空导弹

（2）空地导弹

空地导弹用于攻击地面、水面和水下目标（见图 5-28 和图 5-29）。

空地导弹分为空射巡航导弹、防区外导弹、反辐射导弹、反坦克导弹、反舰导弹和通用战术导弹等。

（3）航空炸弹

航空炸弹是由航空器携带和投放的爆炸武器（见图 5-30 和图 5-31），在历次战争中，它是消耗量最大的武器。

现代航空炸弹已进入制导时代，炸弹上装备了制导装置和气动舵面，成为所谓的"灵巧"炸弹。

图 5-28　AGM-65A 空地导弹

图 5-29　A-10 发射"小牛"导弹

图 5-30　Mk82 航空炸弹

图 5-31　B-52H 战略轰炸机投掷炸弹

那么，这类制导炸弹与导弹有什么区别呢？根本区别在于：炸弹没有动力系统，只能基于载机投弹时的初始状态，利用舵面进行有限的机动，因此对投弹条件（距离、高度、角度等）有较高的要求。

（4）航空火箭弹

航空火箭弹是由航空器携带、发射，用于攻击空中或地面目标的火箭武器（见图 5-32）。

图 5-32　航空火箭弹

航空火箭弹主要由引信、战斗部和发动机组成。

可以参看制导炸弹，航空火箭弹与之相反：有动力，而无制导装置。

（5）航空机炮（简称航炮）

曾有一个时期，人们认为空战已不需要航炮了，但后来的研究和实践证明，航炮还是有着不可或缺的作用。

航炮的分类，以 20mm 口径为界，小于 20mm 口径的称为航空机枪，20mm 及以上的称为航空机炮。

虽然没有规定航炮的口径上限，但由于高速连续发射要求、炮管冷却和后坐力等问题，这类火炮的口径都不会太大，一般不会超过 30mm。

美国标准配置的空战航炮是 M61A1 "火神"，这是一种口径 20mm 的六管加特林机关炮（见图 5-33）。

A-10 攻击机上配置的是 GAU-8 "复仇者" 航炮（见图 5-34），这是美国空军配置的最大、最重也是威力最强的航炮，口径 30mm，开炮时所产生的后坐力可达 10tf 量级。

图 5-33　M61A1"火神"航炮

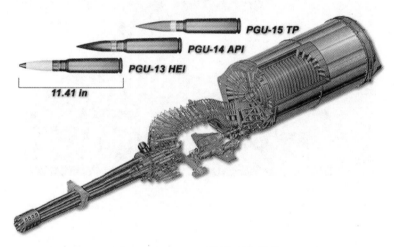

图 5-34　GAU-8"复仇者"航炮

（6）航空鱼雷/水雷

航空鱼雷/水雷是对于水面或水下作战的主攻武器（见图 5-35 和图 5-36）。

图 5-35　进行高空投掷鱼雷测试的 P-8A 反潜机

图 5-36　反潜直升机与反潜航空鱼雷

5.4.3　悬挂发射装置

悬挂发射装置是飞机上完成各类武器弹药的悬挂、运载、投放、发射等功能的装置的总称，主要包括悬挂装置、射击装置和发射装置等。

悬挂装置用于悬挂各类机载武器和其他悬挂物（见图 5-37 ~ 图 5-39）。战斗机、攻击机和轰炸机一般采用的是机外多点悬挂的复式挂架；为了获得隐身特性，则需要采用机内挂架（见图 5-40）。

射击装置主要包括航炮、炮架、炮塔和武器吊舱。固定翼战斗机、攻击机多采用固定式炮架，直升机大都采用活动式炮架，轰炸机一般采用活动式炮塔。

发射装置用于机载导弹和火箭弹的安装发射。发射架有多种类型，以适应不同的安装和发射要求。例如，空空导弹多采用固定导轨式发射架，反坦克导弹多采用固定或旋转导管式发射架，空地导弹多采用弹射式发射架，新一代飞机则广泛采用舱内伸缩式和旋转式发射架等。

图 5-37　战斗机机外挂架

图 5-38　B-17 轰炸机的炸弹挂架

图 5-39　地勤人员使用托举设备为 F-16 挂弹

图 5-40　歼 20 的内埋式弹舱

第6章 地面设施与保障系统

为了飞机的正常运行，除了飞机本身的技术保障以外，还有很大一部分要依赖于航空地面设备的技术支持。例如，大部分航空器的起飞/着陆需要机场、着陆引导系统和其他保障设施；在飞行过程中也需地面引导，并进行空中交通管理。

6.1 机场

机场是提供飞机起飞、着陆、停放和维护，并有专门设施保障飞机飞行活动的场所（见图6–1）。国际民用航空组织签署的《国际民用航空公约　附件14》中对"机场"的定义为：全部或部分供航空器进场、离场和场面活动使用的陆上或水上的一个划定区域（包括所有建筑物、设施和设备）。

图6–1　机场

机场可以有多种分类方法：按用途可以分为军用机场和民用机场；按跑道和其他设施条件及使用特点，可分为永久性机场和临时机场；根据地理位置可以分为高原机场和平原机场；根据跑道长度和承载能力、地面设施的完善程度以及机场区域的大小，还可以将机场分为若干等级。

一般情况下，军用机场与民用机场是分开的，但是也有部分机场是军民合用的，特别是重要的大型民用机场。按照国际惯例，把商业性航空机场称为空港。根据空港在经济活动中的地位，又可以将空港分为重要空港、一般空港和备用空港等。重要空港在一个国家航空运输中占据核心地位，每年客流量一般在 50 万人次以上。

机场区域由地面和空中两部分组成。地面部分包括飞行场地、技术和生活服务区。飞行场地通常包括跑道、滑行道、缓冲区、迫降场和停机坪等；空中部分包括起落航线和其他飞行空域。

机场主要建筑有跑道、滑行道、机坪、候机楼和塔台（见图 6-2）。

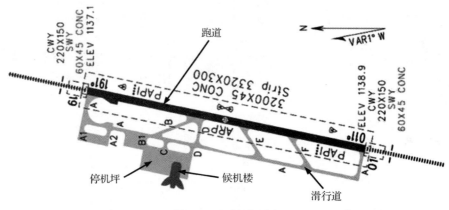

图 6-2　机场平面图

6.1.1　跑道

跑道是直接供飞机起飞滑跑和着陆滑跑用的，是机场最重要的组成部分。对于整个机场的平面布局，跑道的位置和数量是起主导作用的，它不仅影响机场本身的平面布置，也影响机场在城市中的位置选择。

跑道的布置直接影响机场的用地规模、净空限制范围、噪声影响范围，因此需要根据机场净空条件、风力负荷，航空器运行的类别和架次，与城市和相邻机场之间的关系，机场周围的地形和地貌，工程地质和水文地质情况，噪声环境影响等各项因素综合分析确定跑道的方位和数量。

根据机场用途和海拔高度的不同，跑道长度也不一样，一般在 1000 ~ 5000m 范围。有些规模较小的机场的跑道可能会短于 1000m，跑道材质为硬土、草皮或砂石。大型机场的跑道通常铺装沥青或混凝土，能承受的重量也比较大。

跑道宽度通常为 30 ~ 60m 不等，个别可达 100m。

世界上最长的民用机场跑道是中国的昌都邦达机场，长度为 5500m，其中 4200m 满足 4D 标准，它的海拔高度 4334m，曾经是海拔最高的民航跑道（2013 年 9 月稻城亚丁机场正式通航，成为世界上海拔最高的民航机场，海拔高度 4411m）。

海拔最高的军用机场是印控克什米尔境内的道拉伯格玉尔地机场，海拔 5312m，可起降安 –32 运输机。

世界上最宽的跑道在俄罗斯的乌里扬诺夫斯克东方港机场，宽 105m。

某些机场，特别是军用机场，会有紧急着陆专用的长跑道。有些空军基地的跑道会铺设液压钢索刹车系统，高速飞机在着陆时可以用机体上的挂钩钩住钢索，达到缩短地面滑跑距离的效果。

美国爱德华空军基地拥有世界上最长的跑道，同时它也是跑道最多的机场（见图6-3），有4条混凝土跑道和多达17条干盐湖上的跑道（供试验机和航天飞机降落）。爱德华空军基地位于加利福尼亚州南部荒漠地区，是美国空军飞行试验中心的所在地。基地中的04R/22L跑道长度达8060m，其中5120m用混凝土建造；15/33干盐湖跑道长8860m；36L/18R、36C/18C、36R/18L长7040m；05L/23R长6768m；07/25跑道长7040m；35L/17R、35C/17C长11910m；35R/17L长14210m。该机场占地168.35km²，遇有紧急情况，干湖床边上长19km的狭长地带也可作为应急跑道使用。

图6-3　美国爱德华空军基地

跑道的性能及相应设施决定了什么等级的飞机可以使用这个机场。机场按照跑道的能力分为不同的飞行区等级，飞行区等级用两个部分的编码来表示，又称"机场基准代号"，《国际民用航空公约　附件14》中规定：基准代号由有关飞机的性能特性和尺寸的两个要素组成。第一要素是根据飞机的基准飞行场地长度而确定的代码，第二要素是根据飞机翼展确定的代码（早期版本中还包括主起落架外轮间距指标，在2018年修订的第8版中取消了这部分内容）。

表6-1是《国际民用航空公约　附件14》中对机场基准代号的规定。

表6-1　机场基准代号

代号第一要素	
代码	跑道长度
1	小于800m
2	800～1200m（不含1200m）
3	1200～1800m（不含1800m）
4	1800m以上

表 6-1（续）

代号第二要素	
代码	翼展
A	小于 15m
B	15～24m（不含 24m）
C	24～36m（不含 36m）
D	36～52m（不含 52m）
E	52～65m（不含 65m）
F	65～80m（不含 80m）

我国各个国际空港的等级基本都是 4E 级，这些空港可以满足波音 747 客机的满载起降，但只有少数能满足空客 A380 客机的起降（这或许也是 A380 商业不成功的因素之一）。

主跑道通常沿机场所在地常年的主风向修建，跑道编号以跑道的方向定义。具体方法是：按照跑道中心线的磁方向，以 10° 为单位四舍五入用两位数表示。例如，磁方向为 49° 的跑道编号为 05，跑道号以大号字标在跑道的进近端；而这条跑道另一端的方向为229°，跑道号则为 23。因此，一条跑道的两个方向有两个编号，二者相差 180°，编号相差18。如果机场有两条跑道，分别用 L（左）和 R（右）标识；如果有三条跑道，则标记为 L、C（中）、R（见图 6-4）。

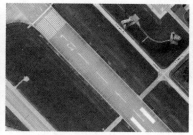

图 6-4　机场跑道编号

例如，北京首都国际机场为 4E 级，可以起降的最大机型为波音 747。首都国际机场初建时有两条跑道，分别编号为 18R/36L 和 18L/36R，可以看出这两条跑道是平行的，都是南北走向。两条跑道的长 / 宽 / 厚分别是 3200m×50m×0.38m 和 3800m×60m×0.62m。道面材质主要为水泥砼（东边跑道覆盖沥青）。2008 年 2 月，第三条跑道建成投入使用，编号为01/19，长 3799m，宽 60m，该跑道为 4F 级，可以承载空客 A380 等新型超大型客机。

6.1.2　跑道附属区域

（1）跑道道肩

道肩是在跑道纵向侧边和相接的土地之间有一段隔离的地段，以免飞机因侧风偏离跑道中心线时引起损害。

此外，大型飞机多采用翼吊式发动机布局，外侧的发动机在滑跑过程中有可能伸出跑道，这时发动机的喷气会吹起地面的泥土或砂石，使发动机受损，道肩的设置有利于减少这类事故。

有的机场在道肩之外还要放置水泥制的防灼块，防止发动机的喷气气流冲击土壤。

跑道道肩一般每侧宽度为 1.5m。道肩的路面要有足够强度，以备出现事故时，飞机不致遭受结构性损坏。

（2）安全区

跑道安全区的作用是在跑道的四周划出一定的区域来保障飞机在意外情况下冲出跑道时的安全，分为侧安全区和道端安全区。

侧安全区是由跑道中心线向外延伸一定距离的区域，对于大型机场这个距离应不小于150m，在这个区域内要求地面平坦，不允许有任何障碍物。在紧急情况下，可允许无法放下起落架的飞机在此实施硬着陆。

道端安全区是由跑道端至少向外延伸 60m 的区域，其目的是为了降低起飞和降落时冲出跑道的危险。有的跑道在道端安全地带中还有安全停止道，简称安全道。安全道的宽度不小于跑道，一般和跑道等宽，从跑道端延伸，长度视需要而定。它的强度要足以支持飞机中止起飞时的质量。

（3）净空道

净空道是指跑道端之外的地面和向上延伸的空域。它的宽度为 150m，在跑道中心延长线两侧对称分布，在这个区域内除了有跑道灯之外不能有任何障碍物，但对地面没有要求，可以是地面，也可以是水面。

6.1.3　滑行道

滑行道是机场内供飞机滑行的通道，它从停机坪开始，连接到跑道两端。

滑行道的主要功能是提供从跑道到候机楼区的通道，使已着陆的飞机迅速离开跑道，不干扰后续飞机的起降滑跑。

在交通繁忙的跑道中段设有一个或几个跑道出口与滑行道相连，以便降落的飞机迅速离开跑道，称作快速出口滑行道（见图 6-5）。

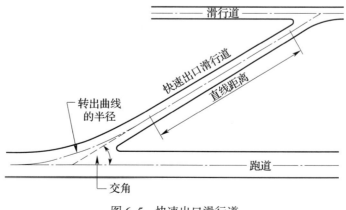

图 6-5　快速出口滑行道

滑行道的宽度由使用机场的最大飞机的轮距宽度决定，要保证飞机在滑行道中心线上滑行时，它的主起落轮的外侧距滑行道边线不少于 1.5 ~ 4.5m。在滑行道转弯处，它的宽度要根据飞机的性能适当加宽（见图 6-6）。

滑行道的强度要和配套使用的跑道强度相等或更高，因为在滑行道上飞机运行密度通常要高于跑道，飞机的总重量和低速运动时的压强也会比跑道所承受的略高。

滑行道在和跑道端的接口附近设有等待区，地面上用标志线标出，这个区域用于飞机在入跑道前等待许可指令。等待区与跑道端线保持一定的距离，以防止等待飞机的任何部分进入跑道，成为运行的障碍物，或产生无线电干扰。

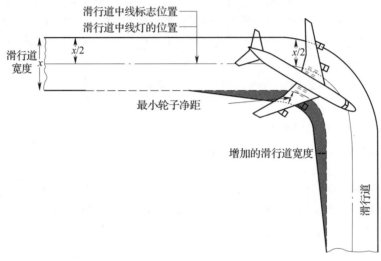

图 6-6　滑行道弯道

6.1.4　塔台

塔台，或称控制塔，是机场中最高的建筑，其作用是对在机场内和直到距机场约 8km 的邻近空域内的飞行活动进行监督、引导和监视（见图 6-7）。

塔台负责对所有到达和出发的飞机发布准予接收和放行的指令，给驾驶员提供关于风、气温、气压、能见度和机场上工作情况的通报，并管制在地面上的所有飞机。

图 6-7　机场塔台

机场塔台通常有多种管制员，例如，放行管制员、地面管制员、塔台管制员、进近管制员、区调管制员等。对于流量较大的机场，其工作是相当繁忙的。

6.1.5 机坪

机坪是指在陆地机场上划定的供航空器上下旅客、装卸货物或邮件、加油、维修时停放的场地。

民航机场的客机坪一般紧邻航站楼，方便乘客登机和运输行李。有时停机坪距离航站楼有一段距离，这时就需要专门的摆渡车接送搭机的乘客。

货机坪只用于装卸货物，由于货机坪与客机坪所需的设施类型不同，因此有条件的机场一般将货机坪和客机坪分开设置。

另外还有等待坪和掉头坪，前者供飞机等待起飞或让路而临时停放，通常设在跑道端附近的平行滑行道旁边；后者则供飞机掉头用，当飞行区不设平行滑行道时，应在跑道端部设掉头坪。

6.1.6 候机楼

航站楼，又称候机楼，供乘客完成从地面到空中或从空中到地面转换交通方式，是机场的主体部分之一。

航站楼是一个城市甚至一个国家的门户，是这个国家或地区的象征，因此航站楼的建设既要考虑功能和实用，又要考虑体现国家气质和意识，同时更要考虑使用者的服务便利和安全保卫等需要。

候机楼分为旅客服务区和管理服务区两大部分。旅客服务区包括值机柜台、安检、海关以及检疫通道，登机前的候机厅，迎送旅客活动大厅以及公共服务设施等。管理服务区则包括机场行政后勤管理部门、政府机构办公区域以及航空公司运营区域等。

6.2 地面保障与维护设施

6.2.1 保障设备

机场地面保障设备是保障飞行用的各种机场设备。根据现代飞机保养维护和飞行的需要，机场配置有多种多样的地面保障设备，包括机械的、电气的、液压的、特种气体的设备等。

为给飞机添加燃油，除机场加油线固定的加油装置外，还有机动加油车，按加油量的多少分为大型、中型和小型。

液压油车供飞机液压系统补充液压油，也可用于对液压系统进行地面试验（包括地面收放起落架、收放襟翼和减速板等）。

为对飞机进行地面通电检查、试验和发电机启动，机场停机坪设有固定的交、直流电源装置，还有不同功率的机动电源车，并设有充电站，供电源车和机载电源充电之用。

机场均设有制冷站、制氧站（气态和液态氧等），冷气和氧气分别由机动的冷气车、氧气车向飞机添充。

对于大型客机，用地面空调车向座舱提供冷气或暖气，保证飞机停放在地面上时旅客的舒适性。

为处理可能的事故，机场配有消防车、抢救车和便携式消防器材（见图6-8）。

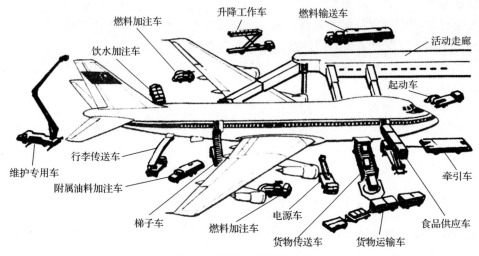

图6-8　机场地面保障设备

飞机经停时，一般需要在30～45min内完成上下旅客、装卸货物、供应食品和其他用品、加油加水、清除垃圾以及必要的检查和维修等工作，因此会有许多服务车辆同时围绕飞机进行服务，这些勤务车辆主要包括以下几种。

①推出拖车。当飞机头向里停放时，飞机必须倒退出机位，而飞机的发动机不具备此能力，这时使用推出拖车将飞机推出机位。推出拖车通常低矮，以适应飞机机体高度。推出拖车与飞机之间采用硬式牵引杆，牵引不同机型有不同长度的牵引杆。

②加油车。分为两种：一种是油箱车，一般可装10t以上燃油，上面有加油臂，每分钟加油4000L。另一种是油栓车，它本身不装载燃油，只是把空港机坪上供应油栓和飞机加油口连在一起，每分钟泵油10000L以上。

③地面电源车。飞机停放在地面发动机未起动时由地面电源车供电，用于起动发动机、仪表和照明等用电。现代大型客机上都装有辅助动力装置，可以提供电力需要，因此电源车使用逐渐减少，但在军用战斗机地面维护中还广泛使用。

④自行登机梯。在没有登机桥的机坪上供乘客上下，可以在一定范围内调节登机梯的高度以适应不同机型。

⑤货运拖车。由牵引车拖动，运送行李和小件货物。

⑥补给车。可以运载清洁工人和食品供应人员，以及为飞机补给各种物品。

⑦可移式行李传送带。在飞机装卸行李时，可以大大提高工作效率。

⑧升降平台。用于清理或维护飞机外部，它的升降高度可达12m，以保证能达到飞机外部各个部位。

⑨饮水加注车。为飞机加注饮用水。

6.2.2　地面维护

要确保飞行安全，除了对飞机进行必要的维护外，还应对机场设施进行维护，这些维护包括对跑道道面维护、除雪除水、防止鸟撞以及紧急救援等。

跑道是最重要的起飞着陆场地，跑道上任何细小裂缝、异物都可能引发事故，因此需要定期对跑道进行清扫和检查，发现问题应及时修补。跑道道面摩擦力关系到飞机着陆时是否有冲出跑道的危险，而跑道摩擦力会因跑道污染而变化。

跑道污染的主要原因是飞机着陆时制动使得轮胎橡胶黏附在跑道上，这将大大降低道面摩擦因数。目前，清除这种污染的主要方法有高压水冲洗、化学溶剂溶解、高速机械刷除和超声波清洗等方法。

在中高纬度地区的机场受冰雪影响较大，一旦道面积雪或结冰将严重影响飞行安全，一般中高纬度机场都配备有专门的除冰雪设备。除雪设备主要有铲雪机、吹雪机和扫雪车。铲雪机前方有一个巨大雪铲，雪铲下部由硬橡胶制成，以免损坏跑道和地面信号灯。它可以清除很厚的积雪，但它只能将雪推到跑道两侧，容易形成雪堆影响飞行安全。吹雪机可以产生强力吹风，能把雪吹到较广阔的地方，吹散雪堆。扫雪车用来清扫不厚的积雪、沙尘和湿雪。除冰比除雪困难得多，当扫雪车不能把冰扫除时，可以撒沙子来增大跑道摩擦力，也可以使用化学除冰剂，但存在环境污染问题。

影响飞行安全的另一个问题就是鸟类撞击。大多数鸟都在低空活动，因此鸟撞击事件多发生在机场附近。控制鸟撞的方法很多，主要采用控制环境杂草、昆虫生长和消灭鸟类食物来源减少鸟在机场附近活动，也有采用鸟类天敌的声音或其他声音驱赶鸟类、化学药物投放以及猎杀等方法，但都不能彻底解决问题。

6.2.3　飞机的维修工作

飞机的维修部门是民航正常运作的重要保障单位，负责保持飞机处于适航和完好状态并保证飞机能够安全运行。"适航"意味着航空器符合民航当局的有关适航的标准和规定；"完好"表示航空器保持美观和舒适的内外形象和装修。

飞机的维修部门通常可分为两级。

一级是维修基地，飞机返回维修基地或维修工厂进行维修。基地具备大型维修工具、机器及维修厂房，负责飞机的定期维修、大修，拆换大型部件和改装。

二级是航线维修部门，也称为外场维修。飞机一般不进入车间，而是在航线上对运行的飞机进行维护保养和修理，这类航线维护包括航行前、航行后和过站维护。

小型航空公司如果没有自己的维修基地，可以把高级的定检和修理工作委托给专门的维修公司或大航空公司维修基地完成。

飞机维修的具体工作可以分为以下三类。

（1）航线维修/维护，也称低级维修，主要包括以下几项。

①航行前维护：每天执行飞行任务前的维护工作。

②过站（短停）维护：每次执行完一个飞行任务后，并准备再次投入下一个飞行任务前，在机场短暂停留期间进行的维护工作；过站维护主要是检查飞机外观和飞机的技术状态，调节有关参数，排除故障，添加各类工作介质（如润滑油、轮胎充气等）；在符合安全标准的前提下，可以保留无法排除的、对安全不造成影响的故障，确保飞机执行下一个飞行任务。

③航行后维护：也叫过夜检查，是每天执行完飞行任务后的维护工作。一般在飞机所在基地完成。工作包括排除空、地勤人员反映的运行故障，彻底排除每日飞行任务中按相关安全标准保留的故障项目，并做飞机内外的清洁工作。

（2）定期维修／维护，也称高级维修。

经过一段时间的飞行（飞行周期）后，需要检查一些内容：

①飞机、发动机和机载设备是否发生磨损、松动、腐蚀等现象；

②飞机各系统使用的工作介质，如液压油、滑油等是否变质和短缺，是否需要进行更换或添加；

③检查测试飞机各系统。

定期维修／维护的目的是发现和排除存在的故障和缺陷，使飞机恢复到原有的可靠性，开始下一个飞行周期的任务。

（3）特种维修／维护，是由于某种特殊原因而进行的维修，有些理论也把这类维修归到航线维修或定期维修。这类维修一般包括：

①经过雷击、重着陆或颠簸飞行后对某些设备、飞机结构的特定部位进行的特别检查和修理；

②受外来物撞击、碰伤后的修理；

③发现飞机某部位发生不正常腐蚀后的除锈、防腐处理；

④按适航部门或制造厂家的要求对飞机进行加、改装工作。

6.3 着陆引导系统

着陆引导系统是利用地面进场雷达、无线电信标台、引导台和无线电着陆引导设备及机上相应接收设备引导飞机安全着陆的系统。着陆引导系统向飞机提供精确的着陆方位、下滑道和距离等信息，飞机依据这些信息对准跑道并依照给定的下滑角进场和着陆，保证接地点在规定的范围内。

着陆引导系统主要有三种：仪表着陆系统、地面控制进场系统和微波着陆系统。

6.3.1 仪表着陆系统

仪表着陆系统（ILS），俗称盲降，是广泛应用的飞机精密进近和着陆引导系统。

在仪表着陆系统的辅助下，驾驶员可以在各种气象条件下使飞机安全着陆，它属于无线电导航系统。这种系统最早出现于1939年，1949年国际民航组织将其定为国际标准着陆系统。

地面设备由航向台、下滑台和指点标组成（见图6-9）。机载设备由航向信号、下滑信号和指点标信号接收设备组成。

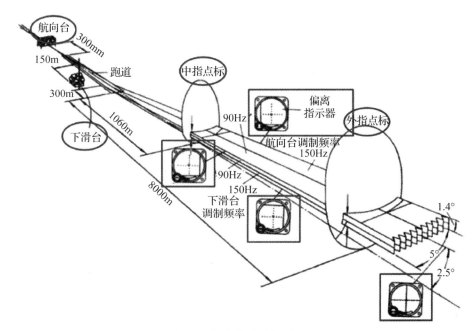

图 6-9　仪表着陆系统原理图

航向台安装在跑道终端，沿着跑道中心线方向发射左右两个固定的窄波瓣，载频相同，左波瓣发射的载频受 90Hz 幅度调制，右波瓣发射的载频受 150Hz 幅度调制。两个波瓣有一定的重叠区，重叠区的中心线与跑道中心线一致。若飞机对跑道中心线有横向偏离，从进场方向看飞机偏到左边时，所收到的 90Hz 调制分量占优势。根据所收到信号中 90Hz 和 150Hz 信号的幅度差可导出飞机相对跑道中心线的横向偏离信号，经变换由偏离指示器的航向指针指示。若所收到的两个信号相等，则航向指针指在中间位置，表明飞机对准了跑道中心线。若飞机偏航在跑道左边，航向指针向右偏，指示驾驶员向右飞，或者相反（见图 6-10）。

下滑台安装在接地点附近的跑道一侧，提供直线性的下滑路径信息。在垂直平面内发射上、下两个固定的窄波瓣，载频相同，上波瓣受 90Hz 幅度调制，下波瓣受 150Hz 幅度调制，上下两波瓣有一定的重叠区，重叠区的中心线（即下滑道）与跑道水平面间的角度约为 3°。机载设备根据接收到的 90Hz 和 150Hz 信号幅度差，导出飞机相对于下滑道的垂直偏离信号，变换后由偏离指示器的下滑指针指示。

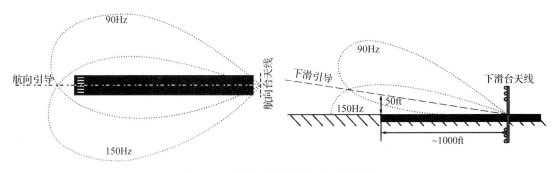

图 6-10　航向台和下滑台的工作原理

指点标安装在跑道中心线的延长线上，按离跑道始端的距离分为中、外指点标。每个指点标分别向上发射 75MHz 信号，辐射波束呈扇形，扇面垂直于跑道中心线，其载频受识别频率（分别为 1300Hz 和 400Hz）的幅度调制。机载指点标接收机将所接收到的信号转换成灯光和音响信号，向驾驶员表示飞机正通过该指点标上空，指示在最终进场路径上的精确位置。驾驶员可参照下滑指示核对实际高度。

仪表着陆系统的优点是：能在复杂气象条件下，向驾驶员提供精确而直观的仪表着陆引导信息；可根据机场和气象条件选择不同的工作类型（决断高度和跑道视距）；使用国际通用的标准设备。

同时它的缺点也很明显，例如，只能提供一条下滑角固定不变的对准跑道中心线的进场着陆航道，不适用于短距起降和垂直起降的飞机；由于波瓣覆盖区窄，难于引导飞机绕过居民区，以减少对城镇的噪声污染；通道数少（40 个）不能满足国际民航的新要求（200 个）；系统要求平坦和净化的场地（草、雪等都会影响引导信号质量），因此安装费用高，部分机场甚至不能使用。

仪表着陆系统正实现固态化，以提高系统准确度和可靠性，向Ⅲ类仪表着陆系统发展。

6.3.2　地面控制进场系统

地面控制进场（GCA）系统由进场监视雷达和精密进场雷达组成，它可以准确测量进场和着陆过程中飞机位置并引导其着陆。

进场监视雷达引导飞机到机场和最后的下滑航线上。利用进场监视雷达将飞机引导到离机场边界 1.5km 左右处，然后交付精密进场雷达，开始引导飞机下滑和着陆。

精密进场雷达与两套天线轮流连接。一套天线的窄波束在水平面内 20° 的扇形区扫描；另一套天线以窄波束在垂直平面内 7° 的扇形区扫描。通过从飞机反射回的信号可以确定飞机的角度和距离，因而两种扫描就可定出飞机的空间位置，并在两个显示器上显示出来。地面操纵员根据显示器提供的信号向驾驶员指出飞机相对于最佳下滑航线的位置，或者直接发出引导飞机进入下滑航线的操纵指令。引导飞机靠近跑道，下降至决断高度，然后由驾驶员目视着陆。

地面控制进场系统主要用于军用航空，对于民用航空仅作为备用手段。

该系统的优点是：机上无需加装电子设备，对驾驶员无需进行特殊训练；适用于各种场地，机动性好；根据不同机种对下滑角度的要求可选择不同的下滑线。其缺点是：因靠地面管制员指挥，驾驶员工作被动；靠管制员手控天线跟踪飞机，只能一架一架地引导；引导距离受气象条件限制。

地面控制进场系统领域也在不断探索新技术，如相控阵天线、数字动目标显示和数据处理技术等，以便能同时跟踪多个目标，可为多架次、多种下滑道的飞机提供着陆引导。为克服驾驶员的被动工作状态，可用地－空数传电路将地面控制信息显示给驾驶员。

6.3.3　微波着陆系统

微波着陆系统（MLS），是一种工作于 C 波段（5000 ~ 5250MHz）和 Ku 波段

（15400～15700MHz）的地面波束扫描、由机上设备获得引导数据的新型进近着陆系统。

国际民航组织于1978年选定时基扫描波束微波着陆系统作为新的标准着陆系统。这种系统能提供连续的、精确的三坐标（方位、仰角、距离）信息。微波着陆系统克服了仪表着陆系统只能提供单一进场航道的缺点，具有宽阔的覆盖范围，飞机可以按弧线进场。这种系统能抑制多径干扰和地面反射影响，降低对场地条件的要求。

整个系统由地面设备和机载设备组成，地面设备又可以分为基本型和扩展型两种：基本型，包括正向方位台、仰角台、地空数字传输设备、精密测距器；扩展型，是在基本型的基础上增加拉平台、反向方位台、360°全方位台。

机载设备包括机载微波着陆系统接收机和测距询问器。地面方位台天线发射的窄扇形波束（水平面波束宽度为0.5°～3°）以恒定的高速率（20000（°）/s）往返扫描，最大扫描范围为±60°，发射的信号是未调制单频信号。扫描波束照射到飞机时，机载设备检测出一个脉冲信号，在每次往返扫描中，机载设备检测出两个脉冲，求出飞机相对于跑道中心线的方位角（见图6-11和图6-12）。

微波着陆系统采用时分多址工作方式，同一频道上工作的各个台只能在分配的时隙内发射信号。各个台顺序发射的信号共同组成一帧，一帧中各时隙是独立的，顺序可以任意选择，用单个机载接收设备可以接收和处理各种信息。信号格式中的前导信号和其他信号（如数据），均以差分相移键控方式对载频进行调制，已调制信号由专门的天线向整个覆盖区发播。

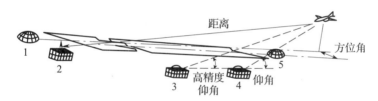

图6-11　微波着陆系统定位原理

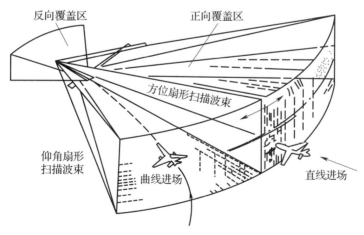

图6-12　微波着陆系统工作覆盖区

微波着陆系统适用于民航和军用航空的各类机场和各型飞机，可用于全天候、全自动着陆。它的优点包括：系统精度高，能满足全天候工作的要求；系统有宽阔的工作覆盖区，允许飞机任意选择机场航道，适用于常规起降、短距起降、垂直起降的各型飞机；系统容量大（200 个通道），能满足空中交通量增加的要求；采用微波频段，设备体积小，对场地条件要求低；系统抑制多径干扰的能力强。

6.3.4 卫星着陆系统

卫星着陆系统（GLS），从名称看，可知它是通过卫星的定位、导航来引导飞机准确降落的系统。卫星定位技术已经很成熟，在日常生活中也有了广泛的应用，飞机自然可以通过接收卫星的信号来确定自己的位置。但是由于种种原因，卫星定位存在着一定的误差，而飞机的最后着陆阶段又对精度有较高的要求，就要求有更准确的定位技术。

这就催生了地基增强系统（GBAS）技术，它的工作原理包括两部分：

①在机场适当位置架设卫星信号接收天线和信号处理站，这时信号处理站会得到一个卫星定位，将所得卫星定位与信号处理站的实际地理坐标比对，二者的差值便是定位误差；

②将这个定位误差信息通过信号处理站向空中飞机广播，飞机接收后做相应处理便得到了更加准确的定位信息。

所以，GBAS 是由天上的卫星系统、地面的信号接收/处理系统、飞机上的相应设备/系统共同构成的（见图 6-13）。

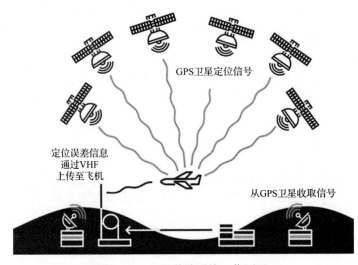

图 6-13　卫星着陆系统工作原理

除了向空中飞机广播定位误差信息外，GBAS 还会向其传送"最后进近航段（FAS）数据块"的信息，一组 FAS 数据块定义了一个精密进近。飞机接收到这个信息后，会定义出一个虚拟的航向道和下滑道，然后与飞机的当前位置做比对，计算出飞机偏离预期航迹的情况，形成水平和垂直偏差信息，以及到跑道入口的距离，并在相关仪表上显示，机组根据显示的信息做相应操作。

GLS 的主要优势体现在：

①使用成本低。一套设备可基本满足机场所有跑道的精密进近需求（在信号覆盖范围

内，一套 GBAS 设备可同时为至少 26 个 I 类精密进近程序提供指引），销售价格是单台 ILS 的 1/3 ~ 1/4；定期校验间隔周期长（FAA 要求一年半），设施 / 设备建设、维护成本低。

②场地要求低。无 ILS 临界区保护限制，特别是实施 II、III 类时，机场场地改造和保护成本会大幅降低；可以为因地理条件限制无法安装 ILS 设备的机场 / 跑道提供精密进近。

③信号稳定。不易受地面 / 空中活动影响，为缩小管制间隔（特别是 II / III 类运行时，五边前后飞机之间的间隔）创造了条件。

④运行灵活。与区域导航（RNAV） / 所需性能导航（RNP）协同实现曲线进近；跑道入口、最后进近下滑角易于调整，可用于降低机场噪声、缩短尾流间隔等。

2015 年 4 月，中国民航在上海浦东机场完成了国内首次 GLS 演示验证飞行。德国、美国、澳大利亚等国家的有些机场已实施 GLS I 类运行。

在机载设备方面，已经有许多机型具备 GLS 功能或 GLS 改装条件，也有更多新机型将具备 GLS 能力。预计在不久的将来，GLS 将成为一种广泛应用的辅助着陆系统。

6.4　空中交通管理

空中交通管理主要是针对民用航空器的空中交通管制和空中交通服务，其目的是在最小限制和不危及安全的条件下，为所有用户提供空域利用上的最大灵活性，有效地利用空域和组织空中交通活动。

空中交通管理任务包括空域管理、空中交通流量管理和空中交通服务（见图 6-14）。

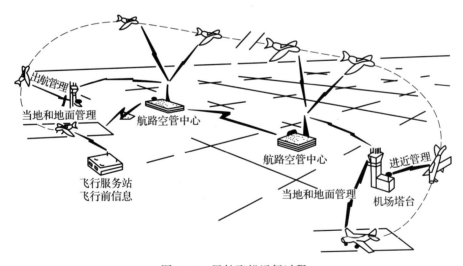

图 6-14　民航飞机运行过程

6.4.1　空域管理

空域管理指依据既定空域结构条件，实现对空域的充分利用，尽量满足空域使用各方的需求。

空域通常划分为机场飞行空域、航路、航线、空中禁区、空中限制区和空中危险区等。根据空域管理和飞行任务的需要，可以划设空中走廊、空中放油区和临时飞行空域。

机场飞行空域划设在航路和空中走廊以外。仪表飞行空域的边界距离航路、空中走廊以及其他空域的边界，均不得小于10km。

机场飞行空域通常包括驾驶术（特技、编队、仪表）飞行空域、科研试飞飞行空域、射击飞行空域、低空飞行空域、超低空飞行空域、海上飞行空域、夜间飞行空域和等待空域等。

等待空域通常划设在导航台上空；飞行活动频繁的机场，可以在机场附近上空划设。等待空域的最低高度层，距离地面最高障碍物的真实高度不得小于600m。8400m以下，每隔300m为一个等待高度层；8400~8900m，每隔500m为一个等待高度层；8900~12500m，每隔300m为一个等待高度层；12500m以上，每隔600m为一个等待高度层。

相邻机场之间飞行空域可以相互调整使用。

空域管理的主要内容包括空域划分、流量平滑、航路优化设计、飞行程序设计和飞行管制等。

6.4.2 空中交通流量管理

空中交通流量是指单位时间内通过航线某一点或者某条航线的飞机数量。空中交通流量管理是在空中交通超出或可能超出空中交通管制系统可利用的容量时，为保持到达或通过该空域的空中交通为最佳容量所进行的管理工作（见图6-15）。

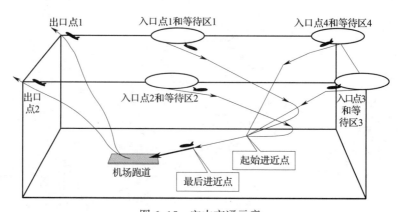

图6-15 空中交通示意

流量管理的主要目的是在需要和预期需要超过空中交通管制系统的可用容量期间内，为空中交通安全、有序和流量的加速提供服务，确保最大限度地利用空中交通管制容量，保证空中交通最佳地流向或通过这些区域，为飞机运营者提供及时、精确的信息以规划和实施一种经济的空中运输，以尽可能准确地预报飞行情报而减少延误。

6.4.3 空中交通服务

空中交通服务是空中交通管制单位为飞行中的民用航空器提供的空中交通服务。主要包括空中交通管制服务、飞行情报服务和告警服务。

空中交通管制服务，旨在防止民用航空器同航空器、民用航空器同障碍物体相撞，维持并加速空中交通有秩序地活动。空中交通管制服务按照管制范围的不同可分为三部分，即区域（航路）管制、进近管制和机场管制；按照管制手段的不同可分为程序管制和雷达管制。

飞行情报服务旨在提供有助于安全和有效地实施飞行的情报和建议。为了保证飞行的安全，民航当局要提供准确的飞行前和飞行中所需要的情报，这个任务称为航行情报服务，分为航图、航行资料和气象报告三大类。

告警服务是在飞行中遇到严重威胁航空器和人员生命安全的情况时，机场立即发出遇险信号并打开识别器的遇险信号开关。民航局和地区管理局搜寻援救协调中心承担陆上搜寻援救工作。

紧急情况的等级划分及告警工作程序如下。

UNCERTAINTY——情况不明阶段：航空器超过预计飞跃某一位置报告点时间30min没有收到任何报告，或者从第1次与航空器联络起，30min没有再取得联络；或ETA 30min（即超过预计到港时间30min）仍未到达。

ALERTING——告警阶段：航空器发出紧急信号；情况不明航空器30min后仍无消息；已取得着陆许可，超过预计着陆时间5min尚未着陆，且无通信联络；有通信联络，但飞行能力受到损害尚未导致迫降。

DISTRESS——遇险阶段：航空器发出遇险信号；告警阶段之后进一步扩大通信搜寻服务1h后，仍无消息；燃油耗尽且无着陆消息；机长报告决定选择场地迫降或航空器有备降可能。

第7章 航空科技与航空工程

航空工业是巩固国防的重要基础，也是带动国民经济发展的重要引领，因此许多国家将航空工业定义为国家战略性产业。

在 2008 年 5 月的大型飞机重大专项研制工作会议上，温家宝总理指出："实施大型飞机研制重大专项对我国经济和科技发展具有巨大的带动作用。航空工业产业链长、辐射面宽、联带效应强，在国民经济发展和科学技术进步中发挥着重要作用。人们说大型飞机是现代制造业的一颗明珠，就是因为大型飞机是现代高新技术的高度集成，能够带动新材料、现代制造、先进动力、电子信息、自动控制、计算机等领域关键技术的群体突破，能够拉动众多高技术产业发展，其技术扩散率高达 60%。发展大型飞机，还将带动流体力学、固体力学、计算数学、热物理、化学、信息科学、环境科学等诸多基础学科的重大进展。做好这项工作，将会全面地、大幅度地提高我国的科学技术水平。"温家宝总理的讲话，充分体现出航空科技在新技术革命中的战略地位。

经过一百多年的发展，航空科学技术已形成完整而庞大的体系，许多新兴技术和研究成果往往率先在航空领域得到应用，演变成为航空科学技术；而众多航空科学技术又不断向非航空领域扩散，推进各个工业领域的发展和进步。

7.1 航空科学技术

7.1.1 飞行器设计所需的知识框架

航空领域相关的基础理论和专业知识非常多，以飞机设计工作来说，需要设计人员具备的基本知识包括如下几个方面。

（1）空气动力学

空气动力学包括二维空气动力学和三维空气动力学相关知识。二维空气动力学方面的主要知识有：

①翼型在各种流动条件（不可压流、可压流、无黏、黏性流）下的升力、阻力和力矩特性；

②气流的上洗和下洗；

③各种系数的典型量级，失速迎角的范围；

④各种襟翼的效果（如简单式、开缝式、富勒襟翼）；

⑤前缘襟翼、缝翼、克鲁格襟翼的效用；

⑥雷诺数和马赫数的影响。

三维空气动力学方面有：

①机翼的升力、阻力和力矩特性；

②机翼的厚度、弯度、后掠角、梯形比等对气动特性的影响；

③势流理论和限制；

④涡流现象；

⑤黏性流现象；

⑥边界层特征：雷诺数、马赫数、迎角的影响；

⑦边界层控制装置，它们的应用和限制；

⑧干扰效应（机翼－机身，吊舱－机身，吊舱－机翼等）；

⑨操纵面效能。

（2）飞行性能

关于飞机的飞行性能，需掌握多种项目的计算方法，包括：

①极曲线（亚声速、跨声速、超声速）；

②发动机装机性能；

③起飞距离；

④爬升率；

⑤爬升时间；

⑥航程；

⑦续航时间；

⑧下降；

⑨转弯半径、转弯率；

⑩剩余动力（功率）；

⑪升限；

⑫有效载荷—航程图表；

⑬民用适航规章和军用规范。

（3）稳定性和操纵性

稳定性和操纵性方面，需要掌握确定以下项目的方法：

①飞机升力和俯仰力矩特性；

②静稳定性导数和操纵导数；

③飞机的气动中心；

④握杆和松杆中性点；

⑤握杆和松杆机动点；

⑥ $1g$ 飞行（水平直线飞行）的配平；

⑦机动飞行的配平；

⑧配平图表；

⑨动力对稳定性和操纵性的影响；

⑩最小操纵速度（发动机失效）；

⑪起飞抬前轮；

⑫飞行控制系统的影响：可逆的和不可逆的；

⑬民用和军用标准。

如果要做操稳分析，还要分析更多的项目，例如：

①无量纲和有量纲的动导数；

②飞机开环传递函数；

③短周期、振荡、螺旋、滚转和荷兰滚的基本模态；

④模态近似和相应的近似传递函数；

⑤库珀－哈珀（Cooper-Harper）驾驶员评价准则；

⑥飞机模态对无量纲导数和有量纲导数变化的敏感性；

⑦等效稳定性导数概念。

（4）推进系统

推进系统方面，需要对以下概念有基本的理解：

①涡轮喷气发动机、涡轮风扇发动机、涡轮螺旋桨发动机、桨扇发动机、火箭发动机、活塞式发动机等的基本特性；

②螺旋桨特性；

③高度和温度对发动机性能的影响；

④进气道分析与参数确定；

⑤尾喷管分析与参数确定；

⑥发动机的装机性能与台架性能数据。

（5）结构

结构方面的内容包括：

①气动载荷及其确定方法；

② $V—n$（速度—过载）图表；

③集中载荷及其传力路线；

④梁、肋和框架的许用应力—应变，及其分析方法；

⑤有限元法；

⑥循环（交变）载荷、疲劳和腐蚀；

⑦材料特性；

⑧工艺性考虑；

⑨复合材料和结构；

⑩相关军用和民用规范。

（6）飞行仪表

飞行仪表基本原理，关于大气数据、飞机姿态和姿态变化率、速度、马赫数、加速度等的测量方法，仪表与飞机机体的集成等。

以上示例仅是飞机设计工作所涉及的专业知识，航空领域其他方面如制造、测试、飞行、维护等都对应着庞大的知识体系，由此可以看出航空科技体系的庞大和繁杂。

这里，我们简单介绍几门最基础的学科，即空气动力学、飞行力学、结构力学和工程热力学。

7.1.2　空气动力学

空气动力学是力学的一个分支，研究飞行器或其他物体在同空气或其他气体作相对运动情况下的受力特性、气体的流动规律和伴随发生的物理化学变化。它属于流体力学的分支，是在流体力学的基础上，随着航空业和喷气推进技术的发展而成长起来的一个学科。

空气动力学也有许多分支，可以按研究范围划分，也可以按研究内容或研究方法划分。

（1）按研究范围的划分

根据气流速度的不同，可以分为亚声速空气动力学（$Ma<0.8$）、跨声速空气动力学（$0.8<Ma<1.4$）、超声速空气动力学（$1.4<Ma<5.0$）、高超声速空气动力学（$Ma>5.0$）。需要说明的是，这里的速度范围都是约略值，实际研究过程中，根据研究对象和研究方法的不同，会有相应的调整。

根据速度划分的原因在于，当飞行器的飞行马赫数小于0.3时，空气压缩性的影响很小，基本可以忽略；而当飞行马赫数大于0.3时，空气压缩性的影响就会显现出来，分析过程中就需要考虑空气压缩性的影响；当飞行速度接近声速时，会形成激波，造成阻力激增；在声速附近（跨声速区），激波的发展形式比较复杂，因此也需要专门研究；当飞行速度超过声速很多，进入高超声速范围，气体内部发生多种物理和化学变化，这时就必须要同时考虑气体的热力现象和动力现象。

根据气体的黏性是否可以忽略，可以分为无黏（理想）空气动力学和黏性空气动力学。一般来说，当雷诺数比较大时，仅在空气的速度梯度和温度梯度较大的区域（如边界层和尾迹区），黏性才对流动特性有较明显的影响，所以在某些条件下可以忽略黏性影响，简化分析计算过程。黏性空气动力学中最重要的是边界层理论。

根据气体分子平均自由行程与流动的特征长度之比的大小，可以将流动看作连续流、滑流、过渡流和自由分子流。研究后三种流动的空气动力学称为稀薄空气动力学。

根据流场特性是否随着时间而改变，可以分为定常空气动力学和非定常空气动力学。

按照流场是否有外边界，可以分为外流空气动力学和内流空气动力学。外流空气动力学研究的是飞行器的外部绕流，内流空气动力学主要研究发动机内部、风洞等管道内的流动。

（2）按研究方法的划分

①理论空气动力学

理论空气动力学是以理论手段研究空气动力学问题的学科。它的基本思路是：以流动基本方程为基础，经过一定的简化和假设，利用数学工具获得结果。求解的过程可能是解析方法，也可能是数值方法。空气动力学中的许多定理、定律都是理论空气动力学研究的成果。

空气动力学是通过理论和试验相结合的研究手段发展起来的。理论研究的方法首先是在试验的基础上抽象出一系列典型的流动现象，例如，超声速钝体绕流研究，这样复杂的流动可以看作由流线型流动、旋涡或环流、边界层、尾迹、激波和膨胀波等成分组成（见

图 7-1）；然后仔细考察多种流动现象和它们之间的相互作用，建立能够反映流动特性的流动模型；最后应用质量、动量和能量守恒定律建立正确描述流动的基本方程。

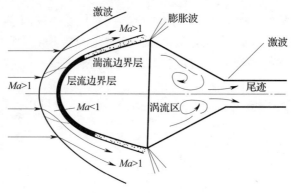

图 7-1　超声速钝体绕流

一般来说，这些方程都是非线性的，采用一定的简化假设后可以选用适当的数学方法求解。

②实验空气动力学

实验空气动力学，即采用试验方法研究空气的流动特性、空气和物体相对运动时的相互作用规律以及其他空气动力学问题的学科。

实验空气动力学与理论空气动力学是相辅相成的，它通过试验揭示流动的特征，为理论研究提供物理模型并验证其结果。

试验方法包括地面模拟试验和飞行试验。

风洞是目前空气动力学最重要的试验设备，它的气流易于控制和测量。风洞按速度可分为低速、亚声速、跨声速、超声速和高超声速风洞等。测量仪器主要包括各种类型的风洞天平、测量气流参数的探头和传感器、压力传感器、热线风速仪、激光测速仪、频谱分析仪，以及用于气动光学测量的纹影仪、阴影仪和干涉仪等。

试验内容主要包括测力试验、测压试验、动态模型试验、传热试验以及流动显示和测量试验，主要应用于飞行器的空气动力特性研究。大型飞机在设计与研制过程中进行的风洞试验可以达到数万小时，除了进行不同状态下的测力、测压试验之外，还要进行空气动力弹性模型试验、突风（阵风）试验等多种风洞试验。

风洞试验通常采用缩比模型，为把模型上测出的数据换算为实物的气动特性，模型与实物的流场必须遵循一定的相似性要求，如几何相似、运动相似和动力学相似等。对于气动加热来说，还需要满足包括边界条件相似在内的其他相似。但是满足全部相似准则的完全模拟是十分困难的，只能实现保证主要因素相似的局部模拟，因此在试验设计中需要突出重点，抓住主要矛盾。

风洞试验既可为飞行器设计直接提供数据，也能用于空气动力学的基础研究和应用研究，为理论提供流动模型和验证理论，为设计提供新思想和新概念。

地面模拟试验并不能完全复现真实的飞行条件，因此除地面模拟试验外，还要进行模型自由飞试验和真实飞行器的飞行试验。

地面模拟试验、飞行试验与理论计算相结合，已成为解决气动问题的有效手段。

③计算空气动力学

随着计算机技术的飞速发展，用数值方法求解理论空气动力学建立的高阶微分方程变得越来越容易了。用高速计算机及其辅助设备来研究流体运动规律和工程应用成为专门的学科，即计算空气动力学。

计算空气动力学的研究方向有：

a. 数值方法研究，包括模型方程的离散方法、网格生成技术及图像显示技术。

b. 应用程序和工程软件系统的研制开发，程序的确认以及数据库的建设。

c. 流体力学问题的基础研究，包括低速不可压流，亚声速、跨声速、超声速流，高超声速化学反应流，黏性层流、湍流，多介质流、多相流，定常、非定常流等流场结构的模拟和控制研究。

d. 工程应用，包括飞行器部件和全机的气动设计等。

计算空气动力学经常与理论空气动力学、实验空气动力学结合起来，发挥各自优势，处理复杂的工程技术问题和科研课题。

7.1.3　飞行力学

飞行力学（又称飞行动力学）是研究在外力作用下飞行器的运动特性和规律的学科。飞机飞行力学所研究的问题主要是飞行性能、稳定性和操纵性。

飞行性能反映了飞机作为质点的运动能力，如飞行速度、高度、航程、续航时间、起飞着陆性能和机动飞行性能等。

稳定性和操纵性研究飞机保持或改变原有飞行状态的能力，例如，飞机对驾驶员（飞行员）操纵动作的反应，飞机对大气扰动的反应，飞机在完成各种飞行动作时所需的操纵等。对这类问题，必须研究飞机的姿态变化，需要将飞机作为质点系（刚性或弹性体）来处理。

研究基本飞行性能时，一般是基于定常或准定常运动的，即认为运动参数不随时间而改变，这时飞机的外力处于平衡状态。

对于机动飞行，运动参数不断变化，分析时需要加入时间因素，复杂程度大大增加。

对于稳定性和操纵性问题，则需要考虑多种动态参数，包括气流的动态特性和飞行器本身的动态响应等，问题变得非常复杂难解。这方面的问题大致可分为：

①稳定性方面，如纵向静稳定性、横航向稳定性、飞行轨迹稳定性、自由扰动运动等各种模态的阻尼和频率等；

②操纵性方面，如舵面操纵效能，操纵面组合 / 分配、平衡状态或机动飞行对应的舵面力矩及驱动力等；

③操纵系统特性方面，如操纵系统的力学特性（摩擦、预加载荷、空行程、柔性、质量不平衡、非线性传动等）和动态特性（操纵输入响应滞后、操纵系统振荡的阻尼等），以及增稳系统和配平系统的特性等；

④其他飞行品质方面，如失速和尾旋特性、抖振特性、惯性耦合、外挂物投放以及故障状态等。

关于飞机的稳定性和操纵性的问题非常复杂，有许多参数和指标。为了评判飞机这方面的特性，人们提出飞行品质等级的概念，它是根据飞行器完成飞行任务的优劣程度不同而规定的等级。

飞机飞行品质通常划分为三个等级。

①等级1：能确保完成各种预定的飞行任务。

②等级2：能基本上不影响飞机完成各种飞行任务，但驾驶员的工作负担有所增加或完成任务的效果有所降低，或两者兼有。

③等级3：能满足安全地操纵飞机的要求，但驾驶员的工作负担过重或完成任务的效果不好，或两者兼有。等级3就是保证安全操纵的最低要求。

飞机飞行品质基本上是衡量驾驶员对飞机的感觉的一种主观评价。驾驶员对具有等级1飞行品质的飞机是满意的；对于具有等级2飞行品质的飞机认为可接受，但是并不满意；对于具有等级3飞行品质的飞机认为不可接受。飞机飞行品质规范中规定在正常状态时的飞机只允许具备等级1或等级2的飞行品质，仅在飞机不正常的特殊状态（指飞机的升降舵、方向舵、副翼和增益系统还能工作，但有其他一个或多个部件或系统失灵）时才允许飞行品质降到等级3。

7.1.4　飞机结构力学

飞机结构力学是研究飞行器结构受力、传力的规律，分析结构在工作环境下的强度与刚度，探讨飞机零部件的合理布局及最佳尺寸的学科。

结构力学是结构强度、刚度设计与分析的基础，它是固体力学的一个分支，其理论基础是理论力学、材料力学、弹性力学、塑性力学、断裂力学、蠕变力学等力学学科。

结构力学研究主要包括试验和理论分析两部分。试验可分为模型、真实结构部件及真实结构试验三类；理论研究则是依据平衡方程、几何方程与本构方程等基本规律，加上适当的边界条件。通常的做法是抓住研究对象主要矛盾建立力学模型并用数学语言表达成方程，最后求解方程。

经典的飞行器结构力学可按结构形式分为杆系结构力学和薄壁结构力学。前者研究梁、柱、杆的受力、变形和稳定性问题；后者研究蒙皮、翼肋、隔框等板壳类构件的剪切、扭转、屈曲等强度和刚度问题。

依据本构方程和几何方程线性与非线性性质，结构力学也分为线性与非线性的，它们适用于结构不同的工作环境及状态。

现代飞机越来越多地使用复合材料，很多飞机的复合材料用量达20%～30%，有的复合材料用量达50%以上，甚至出现了全复合材料飞机。经典的结构力学理论越来越难以计算这些结构强度问题，于是诞生了新的固体力学分支——复合材料力学。复合材料力学是以复合材料及复合材料结构为研究对象的固体力学分支，由于复合材料内在的复杂性，许多基本问题要靠试验先行，试验与分析、计算密切结合去探索。

飞机结构分析的主要工作包括结构强度、结构刚度分析。

所谓强度，是指材料和结构在载荷、振动、温度等工作环境下抵抗破坏和保持安全工作的能力。

结构的强度与几何尺寸、所用材料的性能、工艺质量相关，也与载荷形式、工作环境以及结构破坏形式有关。

飞机结构的强度通常可分为：静强度（包括应力、稳定性、刚度分析）、疲劳和断裂强度（包括疲劳寿命、断裂分析）、动强度（包括振动与动力响应）、热强度（包括热应力、热稳定性、热振动、热疲劳、蠕变分析）等。

飞机结构既要安全可靠又要求重量轻，这对强度分析提出了很高的要求，因此它是飞机设计中的一个十分重要的环节。随着飞机性能快速提高以及航空科学技术不断进步，飞机强度分析的范围也在不断扩大，包括静力、动力（包括气动弹性）、疲劳、断裂力学和热强度等领域，而且各领域自身也在不断发展，并与其他学科互相渗透。例如，复合材料强度分析、声振疲劳、新材料新的本构关系、热冲击、应力腐蚀、可靠性理论、疲劳机理和微观断裂力学等。

结构刚度是结构抵抗由外载引起变形的能力，由刚度系数及其组成的刚度矩阵定量描述。结构刚度通常指静刚度，与结构的材料、几何形状以及边界条件相关；在大变形几何非线性情况下与应力大小、方向、分布以及位移的量值/分布相关。

刚度是结构力学的一个重要概念，结构设计必须满足一定刚度要求，才能使结构在正常工作载荷下保持适当的形状，在抵抗压力与剪力时不致于失稳屈曲，并具备合适的振动固有特性，不至于在不希望的情况下出现共振。

结构变形与空气动力耦合起来，就是所谓的气动弹性问题。由此催生的学科气动弹性力学，是研究空气动力与柔性结构相互作用的交叉学科。气动弹性问题的典型现象是：飞机结构在空气动力作用下产生变形，这种结构变形又使空气动力相应地变化，从而导致进一步的结构变形。

气动弹性力学研究涉及空气动力学、结构力学、飞行动力学和控制论等学科。气动弹性力学可分为：静气动弹性力学、动气动弹性力学、气动伺服弹性力学和热气动弹性力学等。每一个分支中，都包含响应问题（研究稳定系统的气动弹性响应）和稳定问题。

静气动弹性力学：研究定常空气动力同结构静弹性变形之间的相互作用。包括结构弹性变形对空气动力载荷分布、静稳定性导数和操纵效率的影响；典型的问题是变形发散。

动气动弹性力学：研究非定常空气动力同结构运动产生的惯性力、弹性力之间的交互作用。包括突风响应和其他的空气动力作用下的动力响应，典型的问题是颤振。

气动伺服弹性力学：加入伺服系统的作用。

热气动弹性力学：加入气动加热对结构刚度的影响（包括由于空气动力加热而引起的弹性模量降低和附加热应力）。

飞机设计的强度与刚度要求中，都规定了气动弹性方面的设计要求。

7.1.5　工程热力学

工程热力学是热力学的一个分支，主要从工程角度研究热能和机械能相互转换的规律和条件，是航空动力的重要理论基础。

各种航空发动机都是将热能转换成机械能的热机。工程热力学研究有助于促进航空发动机更有效地将热能转换成机械能。

工程热力学是一门成熟的科学，纯热力学研究的问题不多，基础性研究主要包括：

①随着飞行速度、高度的不断扩大，考虑工质（实际气体）对热力过程和循环的影响。

②新的热力学循环分析，包括脉冲爆震发动机、变循环发动机、各种组合发动机和地面燃气轮机联合循环的研究。研究成果可更精确地分析各种工作状态下的各类循环，并探索提高热力循环效率的方向。

7.2 航空科研

航空活动涉及面很广，包括航空器的研究、设计、制造、试验和使用保障等，这些活动都需要航空工程技术的支撑。

在航空器的工程项目正式启动之前，通常要完成技术研究、市场预测、立项论证、项目审批等过程；航空器交付用户之后，也还要进行检测、维护、修理、保障、改进等工作，这些活动都离不开航空工程技术的支持。

为了控制航空工程的技术风险，在一般情况下，必须在掌握航空工程所需的关键技术之后，才能全面启动航空工程的各项工作。而航空工程所需的各项新技术，主要通过航空科研活动获取。

所谓航空科研，是指为了获取新知识，以及利用所掌握的知识开发新产品、新材料、新技术、新工艺等具有创造性的科学技术活动。在通常情况下，人们将科研活动分为基础研究、应用研究和产品研制三大类。

（1）基础研究

基础研究是为了对现象的本质和可观察的事实获得更多的知识或理解而进行的系统研究，它主要解决自然界的公理性问题，并不专注于某一特定需求。基础研究的成果一般不会立即实际应用，并迅速产生回报，但它却是一种为技术进步提供基础，从而产生深刻和长远影响的研究活动。

基础研究不针对特定的市场需求，所以大多数基础研究项目在相当长的时间内都难以得到经济上的回报（当然，不排除有个别项目存在获得极高回报的可能性）。为了满足基础研究长周期、多领域、高风险的投资需求，大多数基础研究的投资主体都是国家政府部门。

国家投资基础科研的模式是：在尽可能多的基础研究领域投资，期望在某一个领域中获得必要的突破，从而解决所面临的重大问题。由于国家的资源也是有限的，因此选择适当的投资领域是国家首先需要解决的问题。

从管理的角度，人们总是希望基础研究遵循线性发展模式，但实际状况是，非线性、跨领域的发现往往是最常见的科学突破形式。重大基础研究发现往往需要多个基础学科互动发展才能得以实现，这进一步加大了选择基础研究领域的难度，各国对基础研究领域的投资基本上都采用了兼顾全面性和特殊性的方式。

（2）应用研究

应用研究是为了发现理论或知识在实际工作或解决问题中的用途或应用而进行的集中、系统的研究。

与基础研究不同，应用研究着重于既定的研究目标——产品或过程，其研究目标服务于某种商业需求或满足一个更大、更复杂系统的需要。应用研究所需资源的多少，取决于研究内容和实现周期。

（3）产品研制

产品研制是指为了特定的应用需求，所进行的产品设计、制造、试验和评价。在产品研制阶段，需要确定产品的技术参数和生产、试验、使用维护方法，并使所需的各项新技术在充分实现工程化的状态下，集成应用于所开发的产品中。该阶段预定的输出是一个与最终系统相似的试生产系统、进入生产阶段所需的生产文件，以及验证试生产产品是否满足规定要求的试验结果。

经过半个多世纪的发展，我国航空工业逐步由测仿、研仿走向自主研制，我国航空科研活动也日臻完善。特别是 20 世纪 80 年代以来，我国把预先研究提升为装备发展进程中一个重要和不可或缺的阶段，并逐步形成了一个完备的目标体系和计划体系，有力地促进了航空科技的发展。

我国的预先研究（简称预研），是指在新产品立项研制之前，所进行的全部创造性的科研活动的总称，它是新产品研制的先导和基础。"预研一代、研制一代、生产一代"的发展思路已经成为我国航空装备发展的基本体系构架。近年来，随着竞争的日渐激烈和科技创新作用的凸显，又提出了"探索一代"的构想。"探索一代"本质上属于预先研究，但更强调前瞻性和突破性，对于航空装备而言，"探索一代"主要研究可能对未来飞行器产生重大影响，甚至催生一代新飞行器的新理论、新方法，研究基于新理论、新方法的未来飞行器创意以及必要的验证试验。提出"探索一代"的目的，是希望利用当今信息化社会条件下科学技术超常规发展的历史性机遇，实现航空武器装备的超常规发展，摆脱长期以来以跟随式发展为主的被动局面，走出有中国特色的自主发展之路，跻身于世界航空工业强者之列。

7.3　飞行器研制

航空工程具有项目周期长、科研投入高、技术风险大等特点，飞行器研制通常要依照比较规范的过程，对研制过程进行科学管理，降低工程研制的风险，并保障研制质量。

（1）军用飞行器的研制

我国军用飞行器的研制过程一般分为 5 个阶段，即论证阶段、方案阶段、工程研制阶段、设计定型阶段和试生产阶段。

①论证阶段

根据使用部门的要求，进行战术技术要求和技术经济可行性论证，主要工作包括：技术可行性论证、经济可行性论证、研制周期测算和风险辨识评估等。

根据多项论证意见，使用部门进一步完善战术技术要求，并对论证的多种总体技术方案进行比较，综合优化，确定最佳总体技术方案。

以飞机研制为例，使用部门根据研制部门提交的论证报告，编制《飞机研制总要求（报批稿）》，上报国家主管部门，经会签、审批后，正式下达《飞机研制总要求》。

②方案阶段

据《飞机研制总要求》进行研制方案论证和验证，主要工作包括：方案设计、新部件或分系统技术攻关，样机设计、制造和评审等。

方案设计、新部件或分系统技术攻关的具体工作包括：飞机总体技术设计，系统设计，进行功能开发试验，成品协调，编写《飞机研制任务书（初稿）》等。

样机设计、制造和评审的具体工作包括：样机设计、制造，技术设计评审和样机审查，提供飞行器研制任务书初稿、系统研制任务书初稿、飞行器设计阶段报告、样机简介等。

在关键技术已解决，研制方案切实可行，保障条件已基本落实的情况下，通过技方案设计评审和样机审查，形成并上报附带《研制方案论证报告》的《飞行器研制任务书》。

③工程研制阶段

依据经审批的《飞行器研制任务书》，进行飞行器的详细设计、试制、鉴定、试验，达到设计定型试飞状态，提出设计定型试飞申请报告和试飞大纲。

其中，详细设计的主要工作包括：编制发图指令性文件、详细设计、配合生产准备、配合成品研制单位完成成品样机试制、完成发图前验证性试验、详细设计评审等。

试制和鉴定试验的主要工作有：新机试制、首飞、调整试飞，提出设计定型试飞申请报告和设计定型试飞大纲等。

④设计定型阶段

设计定型试验／试飞的工作包括：批准的设计定型试验／试飞大纲，指定单位负责进行定型或鉴定试飞，对机载成品和新材料做出试飞结论，进行军方适用性试飞并提出试飞结果报告等。

设计定型试飞后，指定试飞单位提出试飞结果报告，研制单位提供试飞保障报告，设计部门完成设计定型图样发放和技术报告、试验资料、使用资料等的编制整理归档，最终由国务院、中央军委军工产品定型委员会或航空军工产品定型委员会批准设计定型。

⑤试生产阶段

在试生产阶段，主要依据国务院、中央军委军工产品定型委员会或航空军工产品定型委员会批准的设计定型文件，进行试生产，通过鉴定性试验和部队使用进一步考核飞行器在实际使用条件下的适用性和生产稳定性，完成飞行器的生产定型。

按照《军工产品定型工作条例》要求，研制部门应做好生产定型的下列准备工作：

a. 设计定型以后，适度完善修改设计和试验；

b. 完成工艺鉴定，完善生产线，稳定产品质量；

c. 根据设计遗留问题和使用中暴露出的问题，进行设计改进；

d. 进行部件和全机疲劳试验，给出飞行器寿命并作全寿命经费预算；

e. 稳定外协配套等供应渠道；

f. 提供全套生产定型文件；

g. 提出生产定型申请报告，经批准后，由研制部门组织进行生产定型工作。

（2）民用飞行器的研制

民用飞行器的研制过程一般也分为5个阶段，即立项论证阶段、技术经济可行性研究阶段、预发展阶段、工程发展阶段和试生产阶段。

①立项论证阶段

项目承担单位以市场需求为目标，以用户对产品的需求和技术性能要求为基础，进行市场预测、分享量分析和设计技术要求分析，并编制《民用飞行器研制项目建议书》。

主要内容包括：项目的目的、必要性和依据分析，国内外同类产品的现状、竞争和发展趋势分析，国内外市场需求初步分析和预测，基本技术方案和主要技术性能指标分析，产品研制能力和途径分析，投资估算、筹资方案和经济性初步分析，研制周期和里程碑计划分析，风险和规避措施初步分析，初步结论分析。

《民用飞行器研制项目建议书》须报国家主管部门审批，经批准后项目正式立项。

②技术经济可行性研究阶段

《民用飞行器研制项目建议书》批准后一年内，项目承担单位完成项目的技术经济可行性研究，并编制《技术经济可行性研究报告》。

主要内容包括：项目的目的、必要性和依据分析，市场需求预测和分享量分析，确定产品设计要求与目标，新技术、新材料、新工艺和攻关项目初步需求分析，初步的总体方案分析，研制途径和研制能力分析，国际合作初步需求分析，总费用概算、项目融资方案和经济性分析，销售和产品支援体系规划分析，项目管理和运作机制分析，研制计划和生产规划分析，研制保障条件需求分析，提出适航审定的初步建议，风险和规避措施分析，需要的国家政策支持分析，完成综合评价和建议。

《技术经济可行性研究报告》须报国家主管部门审批，经批准后项目方可转入预发展阶段。

③预发展阶段

项目承担单位以工程设计为主，细化总体设计方案，完成打样设计，办理型号适航申请，实施并行工程。

主要工作包括：建立技术、行政组织体系和质量保证体系，编制研制计划和进度控制计划，落实研制分工，确定总体设计方案，打样设计和工程协调样机（或电子样机），工艺方案审查和工装研制准备，项目正式推向市场，市场销售和落实先锋用户，产品支援技术体系筹建，型号合格申请和适航管理，落实发动机、机载设备和系统及原材料供应商选择，启动长周期项目，落实技术攻关项目，落实研制保障条件，确定试验、试飞项目及编制试验、试飞计划与任务书，研制经费概算、产品成本和价格核算，飞行器构型冻结，预发展阶段总体方案评审和批准。

在飞机构型方案冻结、先锋用户订单达到项目研制启动数量和研制保障条件得到落实后，经国家主管部门批准，项目转入工程发展阶段。

④工程发展阶段

项目承担单位全面开始飞机研制工作，发出全套生产图样，完成飞机的研制生产、试飞和取证。

主要工作包括：详细设计准备，详细设计，新技术、新工艺、新材料技术攻关，引进技术项目的鉴定与应用，关键技术评审，生产准备，零件制造和首件制造检验，发动机、设备和系统及原材料的采购，部件装配和飞机总装，试验和试验结果评审，首飞评审，飞行试验，取得型号合格证和生产许可证等。

⑤试生产阶段

此为生产阶段的第一个时段，主要工作包括：按照分工和稳定的设计生产资料，组织小批量生产。

在将产品推向市场的同时，进一步考核生产和质量的稳定性，高度重视用户与市场回馈的信息，及时研究和解决存在的问题。

7.4 飞行器的定型与验收

通过地面试验和试飞考核，各项审查合格后，军用飞行器由军工产品定型委员会批准定型，民用飞行器由民航适航鉴定委员会审发适航证。

一般新研飞行器都需要有一个完善发展的过程，经过一个阶段试用期，使潜在问题在试用期内充分暴露，并通过改进予以解决，然后才能转入批量生产。

通常将定型分为设计定型和生产定型两个阶段，试用考核前称为设计定型，试用期后的定型称为生产定型。经过生产定型之后，才能进入小批量生产，形成稳定的生产线。

（1）军用飞行器的定型和验收

我国军用航空产品定型委员会共分两级："一级定委"为国务院、中央军委军工产品定型委员会；"二级定委"为航空军工产品定型委员会，下设办公室。

军用飞行器生产定型应满足以下要求，即：

①确保工程技术生产线足够完善。

②确保所有重大问题满足设计要求，例如，可生产性、可运输性、可用性、可靠性、维修性、适应性、人机工程和后勤保障性等。

③确保生产周期满足用户要求。

④确保各项专用保障设备、零备件具有可靠供应。

⑤随机文件、随机工具配套齐全。

（2）民用飞行器的定型和适航取证

民用飞行器的适航管理即"适于飞行"管理，是从安全性出发对民用飞行器的设计、生产制造、使用维护、进出口等全方位、全过程的控制管理。民用飞行器的安全性必须在适航管理的严格监控下才能够得以保证。1987年，国务院颁布了《中华人民共和国民用航空器适航管理条例》，使我国的适航管理工作开始走上正轨，并明确了原则上引用美国FAA的标准，实行以"三证"（型号合格证、生产许可证、单机适航证）管理为主要方法的适航管理形式。

民用飞行器的适航管理分为两类：一类是初始适航管理；另一类是持续适航管理。

初始适航管理，是在飞行器交付使用之前，适航部门依据各类适航标准和规范对民用飞行器的设计和制造所进行的型号合格审定和生产许可审定，以确保飞行器和飞行器部件的设计、制造按照适航部门规定进行。初始适航管理是对飞行器设计和制造的控制。

持续适航管理，是在飞行器满足初始适航标准和规范、满足型号设计要求、符合型号合格审定、获得适航证投入运行后，为保持它在设计制造时的基本安全标准或适航水平，使飞行器能始终处于安全运行状态而进行的管理。持续适航管理是对飞行器使用和维修的控制。

民用飞行器的持续适航管理实质上是对民用飞行器在使用中的安全状况和维修的控制，且必须遵循有关适航管理的规章进行。

7.5　飞行器设计

飞行器设计是航空工程技术领域中最基础和最主要的创造性活动，具有创新性、集成性、复杂性等特点。随着科技的发展，飞行器设计的理念、技术和产品需求等方面都在与时俱进。

（1）飞行器设计的主要过程

飞行器设计工作首先要进行需求分析和可行性论证，在此基础上再进行方案设计、初步设计和详细设计。但另一方面，飞行器设计的过程又是迭代的、不断优化的，后续工作的结果有时也会影响前期的决定。

需求分析和可行性论证通常由用户和工业部门共同完成。在论证过程中，根据飞行器的具体用途对指标和技术要求进行分析。通常需要综合考虑作战思想、作战方式、国民经济情况、交通运输结构、航线的类别、国家的工业基础和技术水平等多方面的情况。

民用飞行器的设计指标和技术要求主要包括：用途、装载量或载客量、航程、速度、机场情况、可能采用的发动机和机载设备、经济指标、可靠性、维修性和使用维护条件等。军用飞行器的指标和要求还有作战对象、武器配置、典型作战剖面、机动能力、最大过载和飞行重量等。

方案设计的主要任务是制定飞行器的总体方案，包括：初步确定飞行器的布局和外形、主要设计参数、部件的主要几何尺寸、结构形式和重量；初步选择动力装置、设备和武器，根据飞行剖面选择操纵方案；选择模型风洞试验等。此阶段要做出飞行器的三视图和总体布置草图，进一步论证飞行器技术要求的可行性和经济效益。

初步设计的主要工作包括：确立飞行器各部件的结构受力形式和相互连接关系，进行部位安排和重心定位，绘制各部件的结构打样图，进一步确定几何尺寸、重量和动力装置参数，完成气动计算、强度计算、气动弹性计算、飞行性能和操纵性稳定性计算、系统功能计算等，进行部件、全机的风洞试验，进行系统功能试验和新结构新材料的试验，做出正式的飞行器三视图、结构打样图、总体布置图和重量重心定位计算，提出各部件和各系统的设计任务书、发动机安装设计任务书和重量分配指标。在打样设计阶段，一般需要制造木质样机（现在多为电子样机），以便审查方案和协调。

详细设计阶段的主要任务是，根据方案设计确定的方案和初步设计的结果，完成零件制造和部件、系统、全机装配的工作图样以及生产、验收的技术文件，包括进行零部件的强度、刚度、颤振和重量计算，飞机气动性能及各系统性能的精确计算，进行结构的静、动强度和疲劳试验以及特种设备和各个系统的台架试验，还要试制原型机并制定试飞大纲。

上述各阶段工作相互衔接，相互协调。随着数字化设计技术的成熟和并行工程的推广应用，现代飞行器设计已经普遍采用数字样机，成为详细设计以至贯穿设计制造和使用维护全过程的依据。

全机级、全属性数字样机也使得项目可以通过集成产品团队的形式进行协同研发，大大提高了设计效率和质量。

（2）飞机设计的主要内容

一般来说，飞机设计的主要内容包括：总体参数选择、气动设计、结构设计、机舱及装载布置、动力及燃油系统设计、起降装置设计、机电系统设计、航空电子系统设计、重量特性控制、飞机性能分析、稳定性和操纵性设计、飞机可靠性/安全性/保障性设计等。

对于军用飞机而言，为了满足作战需要，还要重点考虑飞机的隐身性、机动性和武器系统等问题。对于民用飞机而言，则要重点考虑安全性、经济性、舒适性和环保性等方面的需要。

7.6 航空制造

（1）航空制造的技术特点

与一般机械产品类似，航空制造过程也是要经过毛坯制造、零件加工、装配、试验测试等阶段。但航空制造的特殊性在于，无论从加工难度，还是精度、质量、可靠性要求都是一般机械制造技术难以比拟的。其主要特点如下：

①加工方法多样；

②装配规模大；

③工艺装备庞大而且精密；

④具有高度的柔性和应变能力；

⑤尺寸精度高，协调能力强。

（2）航空制造的关键技术

随着航空技术的发展，飞机的性能越来越高，尺寸越来越大，结构也越来越复杂。对应于飞机结构的特点，现代飞机制造的关键技术主要体现在以下几个方面。

①机翼整体壁板喷丸成形技术

整体壁板是飞机机体的关键构件，它的主要构造形式是薄壁板与其上分布的加强筋结合为一个整体，具有材料分布合理、结构效率高、表面光滑、气动外形和密封性好等特点。早先曾尝试多种加工方法，如热压、挤压、滚弯成形、拉伸成形、时效硬化、爆炸成形等，但都不能满足要求。经过反复选择和试验，最后证明喷丸成形是一种合适的方法。

喷丸成形的主要机理是，利用高速运行的球形弹丸撞击板坯表面使其形状发生改变。受冲击的板坯表面材料形成塑性压缩变形层，而内层大部分保持弹性状态。在对板坯单面冲击时，残余应力形成弯矩；双面冲击时，还有垂直于横截面的作用力。弯矩使板坯弯曲变形，向喷丸流相反方向凸起；垂直于横截面的作用力使板坯的长度和宽度增加，从而完成板坯的单曲率和双曲率成形。

目前，喷丸成形过程已实现计算机程序控制，成为现代高性能飞机制造中必不可少的一项关键制造技术。

成形介质弹丸有钢丸、玻璃丸和陶瓷丸等，通常用压缩空气的压力或旋转叶轮的离心力等推动。喷丸成形的主要优点包括：a. 不受零件长度限制；b. 可以成形其他方法无法加工的复杂曲面；c. 可以提高抗疲劳强度和抗应力腐蚀性能；d. 无需工艺余量，工艺装备简单、生产成本低、生产准备周期短等。

②装配与连接技术

飞机连接技术大致可分为机械连接、胶结、铆接、机器人钻铆和自动钻铆装配等。现代大型客机装配连接工作量约占全机工作量的 40%，其中机械连接和铆接占 20% ~ 30%。例如，俄罗斯伊尔 –86 大型客机装配工作量占全机工作量的 59%，使用各种铆钉 150 万件、螺栓 15.2 万件；波音 747 飞机采用各类紧固件 200 万件。

随着整体结构及复合材料结构的发展和扩大应用，机械连接的工作量有减少的趋势。随着计算机技术和先进工艺及设备的进步，在装配生产中已经采用了一些先进数字化模拟装配技术、在线数字化测量、定位及监控技术，以及移动装配流水线装配等技术。

利用飞机自动化装配技术，可实现总装过程中大部件的钻孔、定位、连接、测量和对接装配自动化。例如，F–35 飞机装配应用实体模型、虚拟原型工装、自校准组合夹具和结构、激光导向光学准直工具，减少了零件数目和装配时间，并简化了部件的结构。

③大型机体结构件制造技术

现代飞机主承力构件广泛采用整体结构，如机翼、机身整体大梁，整体油箱，整体加强框等。整体结构不但可以减少零件数量，减轻结构重量，而且使飞机机体的结构效率成倍甚至数十倍地提高。例如，美国 F–15 战斗机铝钛合金整体结构机翼与铝合金铆接结构机翼相比，结构效率提高 3 倍，抗疲劳能力提高 4 ~ 6 倍，可大大提高机身的寿命和可靠性。

整体结构件的制造技术是现代飞机，特别是大型军用和民用飞机制造中难度最大的关键制造技术。

大尺寸整体结构件制造的关键技术包括：整体构件的制坯技术、超塑性成形 / 扩散连接技术、高速数控加工技术，以及化学铣削技术和先进焊接技术等。

④钣金件制造技术

据统计，钣金件占整架飞机零件总量的 40%，加工工时占全机总工时的 10%。一般战斗机钣金件总量超过 1 万件，轰炸机在 4 万件以上，大型运输机和干线飞机则在 6 万件以上。

可以看出，精密钣金件制造技术在飞机制造中占据着举足轻重的地位。精密钣金件制造技术有镜面蒙皮成形技术、钛合金钣金精密成形技术、型材成形技术、橡皮囊液压成形技术、落压成形技术及钣金件数控柔性制造技术等。

⑤先进复合材料制造技术

目前，先进复合材料构件已经广泛用于军用飞机，民用飞机的用量也在增加，复合材料构件应用越来越广泛，已经从飞机的非承力构件扩展到主承力构件。

20 世纪 60 年代，复合材料结构件主要靠手工剪裁、铺叠。80 年代，出现了数控下料机、数控铺叠机、数控缠绕机和在线自动检测设备，使复合材料结构件从剪裁、铺叠、缠绕、固化和检测都实现了计算机自动控制，从而提高了复合材料结构件生产效率和质量。

在复合材料结构低成本制造方面，树脂转移成形（RTM）技术已广为应用。RTM 工艺是将干的碳纤维带预先铺在模具内，然后在一定温度和压力下，向模具内注入树脂，最后将模具放进热压罐，使零件固化。RTM 法的主要优点是可重复性高，尺寸精度高，而且造价低廉。

（3）现代制造工程

现代制造工程的目标是将机械与结构技术、设计与制造技术、计算机控制与计算机辅助技术、自动化技术、信息技术、微电子技术、材料技术融合成一体，并将这些技术综合应用于企业的经营、产品开发研究与设计、加工与制造、质量检测与保证、设备维护、售后服务与生产管理等全过程，实现对企业的制造过程的物质流、能量流、信息流的集成控制，以求达到最佳的动态平衡和整体效能，最终提高企业对市场需求的应变能力。

自 20 世纪 80 年代以来，在发达工业国家的制造业中出现了多种现代制造工程系统模式，例如：

① CIMS（计算机集成制造系统）；

② LP（精益生产）；

③ AM（敏捷制造）；

④ DNPS（分散网络化制造系统）；

⑤ RMS（快速响应制造系统）；

⑥ IMS（智能制造系统）；

⑦ LRFMS（精益快捷柔性制造系统）等。

这些制造模式有许多不同的内涵和特征，但也有许多交叉和相近之处。

7.7 航空材料

航空材料是影响航空工程技术发展的决定性因素之一，也是材料科学体系中最富有开拓性、发展最快的一个分支领域。飞行器研制过程中不断地向材料科学提出新的需求和新的课题，各种新材料的出现也给飞行器的研制提供了新的可能。

航空材料可以按材料的功能、用途、材质等进行分类。按功能可分为结构材料和功能材料两大类；按用途可分为飞机、发动机、航空电子设备、武器等材料；按材质可分为金属材料、无机非金属材料、有机材料和复合材料。

各种材料又可细分。例如，复合材料可分为金属基、有机及无机非金属复合材料以及混杂复合材料。金属基复合材料还可分铝基、镁基、钛基复合材料等，有机复合材料可分为环氧、双马、聚酰亚胺复合材料等，无机复合材料可细分为陶瓷基、碳 / 碳复合材料等。

航空材料体系处于持续发展状态，品种和牌号众多。仅我国航空材料的牌号就有1000 余个，还不包括机载系统的材料，由此可见材料体系之庞大。随着新技术的发展，一些新的高技术材料如智能材料、纳米材料等不断引入航空领域，这些材料的引入将改变飞机设计、制造以及维修的模式。

根据设计思想以及材料技术的发展，飞机材料的选择大致经历了 5 个发展阶段。

第一阶段，1903—1919 年，早期飞机的主要结构为木材，蒙皮为亚麻或棉制成的帆布。

第二阶段，1920—1949 年，出现了以铝合金和钢为主的全金属单翼飞机，采用安全寿命设计准则。

第三阶段，1950—1969 年，除铝、钢外，还采用了钛合金，使飞机先后突破声障及热障。这一阶段飞机设计准则从安全寿命转向破损安全。钛合金的选用，使 SR-71 飞机的飞行速度超过 3 倍声速。

第四阶段，1970 年—21 世纪初，民航飞机仍以铝合金为主，钛合金及复合材料获得应用；军用飞机上铝、钛、复合材料获得广泛应用，采用损伤容限设计准则。

第五阶段，从 21 世纪初起，复合材料占主导地位，其结构重量百分比超过 50%（见

表 7-1），开始进入航空复合材料时代。

在这些阶段中，飞机材料选择的指导思想和方法也在改变，从单一的选择材料力学性能，逐步发展到以综合平衡为基础。所谓综合平衡，指的是在材料的高性能、低成本以及低污染上的平衡。

表 7-1 飞机材料结构重量百分比变化情况

型号	设计年份	铝合金 /%	钛合金 /%	钢 /%	复合材料 /%	其他 /%
F-14	1969	39	24	17	1	19
F-15	1972	36	27	6	2	29
F-16	1976	64	3	8	2	23
F-18E	1978	29	15	14	22	20
F-22A	1989	16	39	6	25	14
F-35	2001	19	20	7	31	23
波音 747	1965	81	4	13	1	1
波音 757	1972	78	6	12	3	1
波音 767	1972	80	2	14	3	1
波音 777	1989	70	7	10	10	3
A320	1990	67	4.5	13.5	15	—
A380	2000	60	10	4	25	1
波音 787	2003	20	15	10	50	5
A350XWB	2006	20	14	7	52	7

7.8 飞行器试验

在飞行器研制过程中，各种试验必不可少。通过试验可以发现设计缺陷，为设计修正提供依据和指导方向；通过试验可以确定系统的性能水平；同时试验结果也是决策过程的重要参考，为权衡分析、综合决策和细化要求提供信息，为研制过程中的转阶段决策和设计定型提供依据。

飞行器试验的门类众多，科目繁杂，从大的层面来说，可以分为地面试验和飞行试验两大范畴。

7.8.1 地面试验

（1）空气动力学试验

空气动力学的地面试验主要是风洞试验，将试验物体的缩尺模型（或实物）安置在风洞中，在一定的风洞运行状态下，观察、测量气体流动及其与模型之间的相互作用。

风洞试验的主要目标是验证飞行器设计要求、确定系统性能、优化系统设计、验证分析方法和模型、降低设计风险。

风洞试验的优点在于：

①能比较准确地控制试验条件，如气流的速度、压力、温度等；

②受气候条件和时间的影响小，模型和测试仪器的安装、操作、使用比较方便；

③试验项目和内容多种多样，试验结果具有一定的精度；

④试验比较安全，而且效率高。

进行模型试验时，应保证模型流场与真实流场之间的相似，即除了保证模型与实物几何相似以外，还应使与流场相关的相似准数，如雷诺数、马赫数、弗劳德数等对应相等。

但实际上，在一般模型试验，尤其是风洞试验条件下，很难保证所有的相似准数全部相等，只能根据具体情况使主要相似准数相等或达到自准范围。例如，涉及到黏性或阻力的试验，应使雷诺数相等；对于可压缩流动的试验，须保证马赫数相等。

应该满足而未能满足相似准数相等而导致的试验误差，有时也可通过数据修正予以消除，如雷诺数修正。风洞内壁和模型支架对流场的干扰也应修正。

（2）结构强度试验

结构强度试验的目的是验证飞机和部件的承载能力、变形状态、可靠性和寿命等关键性指标。

结构强度试验主要包括结构静力试验、振动试验、疲劳试验、热强度试验，以及耐久性、损伤容限试验和地面模拟热颤振试验等。

①结构静力试验

结构静力试验又称静强度试验，对飞机结构按试验要求施加静载荷，并测定其承载能力和变形状态。

静强度试验是鉴定飞机结构强度、刚度，保证飞机飞行安全的重要手段，分为静强度试验和刚度试验。静强度试验鉴定合格后，才能允许飞机进行飞行试验。

②振动试验

利用共振原理测定飞机机体及其组件的固有频率、固有振型和结构阻尼等固有振动特性参数。

振动试验的目的是为飞机动强度设计提供依据，确保飞机在飞行过程中，其机体结构不会激发起共振、颤振和发散等不稳定现象。

通过振动试验还可以查找振源、排除不良振动及检查结构工艺质量。

振动试验包括全机地面振动试验、部件振动试验、前轮摆振试验、声疲劳试验等。

③结构疲劳试验

结构疲劳试验的目的是鉴定飞机结构在模拟载荷谱和环境谱联合作用下的疲劳强度或寿命。

疲劳强度问题受材料、工艺、载荷、环境条件、结构细节等很多因素影响，非常复杂。目前疲劳强度的计算方法尚不成熟，因而疲劳试验是提供评价疲劳强度的最可靠方法。

④热强度试验

热强度试验是研究飞机结构热强度的一种地面模拟试验，用于确定飞机结构的热应力和总应变大小，研究热应力和载荷应力的耦合关系，以及温度、热应力对结构承载能力等强度特性的影响，验证有关的设计计算方法等。

热强度试验比静强度试验增加了温度和时间两个参数，在试验中除了要求模拟飞机结构的实际载荷分布情况外，还要模拟实际的温度分布情况以及它们随时间变化的情况。

⑤耐久性试验

耐久性试验用于验证飞机结构能否满足飞机结构耐久性设计要求。通过试验可以识别飞机结构的耐久性薄弱环节，预测和验证试验件或结构的耐久性，获得必需的耐久性数据，以及验证耐久性分析方法。

⑥损伤容限试验

损伤容限试验的目的是验证结构能否满足损伤容限设计要求，试验可分为材料试验、质量控制试验、分析验证试验和结构的构件试验四类。

材料试验为结构寿命分析和剩余强度计算提供基本的材料数据，主要包括断裂韧度试验，疲劳裂纹扩展率试验，应力腐蚀开裂和应力腐蚀疲劳试验等。

质量控制试验为初始质量设计评估、无损检测要求和材料质量控制提供基本数据，包括当量初始质量数据测定、无损检测验证大纲规定的验证试验和材料质量控制试验。

分析验证试验的目的是验证损伤容限分析方法的准确性，包括与结构参数有关的应力强度因子计算验证试验，剩余强度计算模型和剩余强度验证试验，裂纹扩展模型和试验谱截除方法的试验、裂纹扩展寿命试验等。

结构的构件试验包括连接件试验、部件试验、装配件试验和全尺寸结构试验，内容包括裂纹扩展寿命和剩余强度试验。

（3）环境试验

环境试验是指将产品曝露于自然或人为的环境中，确定这些环境对产品的影响，目的在于考核系统在恶劣的自然环境中的适应性、战术技术性能的变化和可靠性。

环境试验分现场环境试验（包括自然环境试验与使用环境试验）和模拟环境试验（实验室环境试验）两类，大多数航空产品都要进行模拟试验。

航空产品的环境试验一般包括振动试验、随机振动试验、高温试验、低温试验、温度循环试验、温度冲击试验、低气压试验、日晒试验、淋雨试验、湿热试验、沙尘试验、腐蚀试验、霉菌试验、防火试验、噪声试验、冲击试验、声振试验、大气曝露试验、爆炸大气试验、雷电模拟试验、结冰试验、电磁兼容性试验等。

在飞行器研制过程中，各个阶段都要进行大量的环境试验。通过环境试验暴露产品设计和制造工艺上的缺陷，尽量排除早期故障。

为了确保产品的可靠性，试验必须从材料、元器件、零部件、组件、分系统到系统逐级进行。在不同的研制阶段，由于试验目的不一样，对不同装配级别的产品，试验项目、要求和条件都有差别。一般说来，产品的装配级别越低，试验条件就越严格，尽量不让低级别产品缺陷到高级别的试验时才暴露，否则为纠正这些缺陷所付出的代价就要大得多。

（4）寿命及 RMS 试验

寿命试验是可靠性试验的一个重要组成部分，是为了证实受试的产品在某种规定条件（工作、使用、储存等）下的寿命而进行的试验。

寿命试验分为短时寿命试验和长时寿命试验两种类型。短时寿命试验的目的是使用产品极限载荷在短时间内揭示其薄弱环节，其使用的环境应力类型较少，但应力量值要比其正常使用中遇到的量值大得多，施加的环境应力的严酷度在一定范围内逐步增加直到产品破坏或不能工作为止，因而是一种步进应力试验，又称短时死亡试验或加速寿命试验。

长时寿命试验的目的是评估产品的使用寿命和可靠性，一般采用产品在使用中遇到的典型的环境条件连续重复循环进行试验，这种试验往往要经过数百小时、数千小时甚至更长的时间才能揭示产品的薄弱环节或达到规定的耗损量，又称疲劳试验或耐久性试验。

短时寿命试验更多地用于产品研制阶段获取产品各种信息，而长时寿命试验主要用于评估产品的寿命。

RMS指可靠性、维修性和保障性，这方面试验的目的是发现产品在设计、材料和工艺或其维修与保障方面的各种缺陷，提高产品的RMS水平并确认产品是否满足规定的RMS要求。

（5）航空电子系统试验

传统的航空电子系统包括通信、导航与识别，雷达，大气飞行数据系统，数据处理/任务计算机，显示与控制设备等。

航空电子系统试验可以分为：部件试验、分系统试验、系统试验、全系统综合试验、仿真试验等多种层级。

飞机总体和航空电子综合技术研究单位大都建有大型实验室和配有齐全的设计工具。在航空电子系统动态模拟综合试验设施上可进行航空电子系统的数字仿真、半物理仿真、全物理仿真，以全面校验航空电子系统综合设计的可行性。

（6）飞行控制系统试验

对飞机飞行控制系统的性能、可靠性进行的试验，包括地面试验和飞行试验。

飞行控制系统地面模拟试验有静、动态性能试验，飞行品质验证与分析，人在回路中的飞行品质检查，故障模式及安全性检查，故障瞬态，模态转换瞬态等。

飞行控制系统地面机上试验有系统静、动态特性检查，全机电磁兼容性试验，结构模态耦合试验等。这类试验一般在"铁鸟"台上进行。

（7）飞机机电系统试验

飞机机电系统试验主要包括电气系统、液压系统、燃油系统、机轮刹车系统、防冰系统、生命保障系统、环境控制系统等各类飞机系统的试验。

在各种飞机系统研制过程中，通常要对零部件、设备和系统进行试验。零部件和设备研制中的试验包括性能试验、环境试验、耐久性试验、可靠性和寿命试验等。

（8）航空武器系统试验

航空武器系统试验包括机载武器地面静态试验、机载武器地面发射试验、火控系统地面试验等。

主要检验：机载武器的部件/设备或系统的性能、可靠性和安全性；导弹和火箭弹各部件以及发射系统的安全性和可靠性；检验发射系统功能的协调性和正确性，以保证与正式装机使用的效果一致。

（9）航空发动机试验

一般将整台发动机的试验称为试车。目的是验证发动机及其部件的性能、适用性和耐久性。

在航空发动机试验中，按不同的技术指标可分为性能试验、适用性试验和耐久性试验。

性能试验是在地面和飞行状态下，测量发动机的推力和耗油率等性能指标，以及空气流量、压力、温度和各部件的性能。

适用性试验测定发动机工作特性对油门杆和进气流场条件变化的响应，重点是进气道 – 发动机 – 喷管的匹配。

耐久性试验包括低循环疲劳寿命、应力断裂或蠕变寿命、抗外来物破坏和包容能力等机械结构强度的试验。

7.8.2　飞行试验

飞行试验，简称试飞，是指飞机 / 发动机 / 机载设备及机上各系统在真实的飞行条件下进行的各种试验。

按试验性质可分为研究性飞行试验和型号飞行试验。

（1）研究性飞行试验

研究性飞行试验是探索未知领域、研究新技术、检验新的理论和为研制新飞机提供数据的飞行试验。

研究性飞行试验一般不以某一具体型号为研究对象，而侧重于基础理论和应用技术的探索、验证；有时也针对某新一代型号要求进行特定的专门技术的研究。研究性飞行试验通常用专门研制的研究机或现役飞机改装的专用飞机进行。

历史上有不少重大航空技术都是由专用的试验机或研究机的研究性飞行试验突破的。

世界上一些航空技术发达国家专门设置有研究性试飞机构，如美国 NASA 的德莱顿飞行研究中心（Dryden Flight Research Center）、英国皇家航空研究院的飞行试验部等。

研究性试飞取得的一些重大成果往往能对航空科学、航空事业的发展产生历史性影响。例如，美国利用 X–1 研究机突破了声障，从而使人类跨入了超声速飞行的新纪元；面积律、变后掠翼、三角翼理论，以及电传操纵、矢量推力技术等，都是通过研究性试飞才得以进入实际使用。

研究性试飞的主要工具是研究机和试验机。

①研究机

研究机是针对某些新理论、新技术而专门研制或改装的飞行器，装备专用或通用试飞测试设备。

过去几十年，世界航空强国研制和试飞了各种类型的研究机，其中最著名的是美国的 X 系列研究机，如主要用于研究超声速飞行问题的 X–1，研究高速飞行气动加热、稳定性、操纵性问题的 X–15，研究垂直 / 短距起降以及推力转向的 X–14、X–18 和 X–22 等。

专门研制的研究机结构复杂、价格昂贵，为缩减周期和费用，常用现有飞机局部改装作为研究机。例如，用 B–66 轰炸机改成边界层研究机 X–21，用 YF–16 改装成主动控制技术研究机等。

研究机的另一种思路是采用缩比遥控飞行器，可以大大降低风险和成本。在 F–15 研制过程中，曾用比例为 37.5% 的缩比遥控模型研究该机的尾旋特性和改出方案。

②试验机

试验机可以作为飞行试验平台，测试和验证飞机新系统、新装备的可行性，或对在研系统进行科研试飞。

利用试验机可以大大减少航空新装备、新技术应用及整机研制的风险，缩短研制周期，节约投资。

试验机有各种类别，用途各异，常见的有变稳飞机、发动机飞行试验台、电子试验机、结冰试验机、弹射救生试验机等。

世界航空发达国家十分重视试验机的应用。美国 20 世纪 40 年代至今共研制、改装了上百架试验机，法国试飞中心拥有各种试验机 60 余架，俄罗斯也有名目繁多的各种试验机。

为适应航空电子技术的飞速发展，美国改装了 C-141、C-135、F-15、F-111、A-7、B-52、波音 757 等数十架试验机用于新型航空电子系统的试飞。俄罗斯、荷兰、英国、法国等的空军基地、试飞中心等均拥有多种航空电子试验机。

在发动机飞行试验台方面，美国建设了 B-52、波音 747 等发动机空中试车台，英国则有"火神"、VC-10 飞行试验台，俄罗斯的发动机飞行试验台有伊尔 -76、图 -16、安 -12、雅克 -42 等。

另外，国外还发展了许多技术验证机，如美国的"先进战斗机技术综合"（AFTI）F-16 战斗机攻击技术验证机，曾用于数字式飞行控制系统、任务适应性机翼、矢量推力技术等的研究；俄罗斯开发了 S-37 第五代战斗机关键技术验证机；英国为发展欧洲战斗机而研制了 EAP 先进技术验证机等。

（2）型号飞行试验

型号飞行试验是以型号产品（飞机、发动机、机载设备和机上各系统）为试验研究对象，侧重于其性能和可靠性的试验与鉴定。型号飞行试验按其任务、时机不同，又可分为以下几种。

①首飞，新研制型号的原型机首次升空的飞行。

②调整试飞，又称发展试飞。首飞后、鉴定试飞前，为调整飞机、发动机及机上各系统、机载设备而进行的飞行试验，其基本目的是暴露设计和制造的缺陷，排除故障，使新机达到设计的基本要求或达到预定的性能。

③鉴定试飞，又称验证试飞、定型试飞。测试经调整试飞的飞机、发动机及机载设备等的性能数据，并全面鉴定其是否达到战术技术指标和使用要求。主要试验内容包括：飞机、发动机及机载设备等性能参数，评定飞机系统/动力装置/机载设备的匹配性、适应性、可靠性和维修性；确定与型号配套的地面辅助设施/随机设备和工具/随机备件和资料的适用性。对于民用飞机来说，鉴定试飞又称型号合格审定试飞，是指由适航当局批准和监控进行的民用飞行器审定试飞，旨在通过此类试飞，确定该型号产品是否已达到民用航空条例和有关专用条件所规定的设计标准，以确保其在规定的各种飞行条件下安全可靠地使用，并最终获得型号合格证。

④使用试飞。在鉴定试飞后，由使用方对飞机在各种拟定的使用条件下进行的试飞，考核是否满足使用要求。只有通过使用试飞以后，新研制飞机才能正式装备部队或投入航线使用。这类试飞一般由飞机使用部门在多种实际条件下进行。为保证试飞结果具有代表性，通常需要投入一定批量的飞机进行使用试飞，如作战飞机一般投入 10 ～ 20 架，民用飞机则为几架。

⑤出厂试飞。经国家批准定型投产的批生产飞机，按照订货方和制造厂签订的合同，为检验飞机生产质量而进行的试飞。可分为交付试飞和抽查试飞两种。前者主要考核每架飞机各系统和重要部件、机载设备的工作可靠性，评定飞机工艺质量，确定飞机是否符合交货合同规定的技术指标，能否提供订货方使用；后者主要检查一批飞机生产质量的稳定性，通常从同一批次飞机中抽出一定比例的飞机，检查若干特定的项目，检查飞机能否保证达到规定的设计指标。出厂试飞一般由飞机制造厂组织实施，订货方代表现场监督。

⑥验收试飞。根据订货合同规定的验收项目，用户方（部队或航空公司等）对飞机/系统/机载设备的基本性能和质量进行验收考核而实施的试飞。通常由订货方派人到制造厂实施。有些国家将出厂试飞和验收试飞合并进行，用户方只在飞机转场前作检查性试飞。

7.9 航空技术基础

航空技术基础主要包括航空计量、测试、标准化、质量与可靠性等，它们是支撑航空科研、生产、使用、维修与保障活动等所需的基础性共用技术保障条件。航空科技的进步与航空工业可持续发展在很大程度上依赖于这些技术的协调发展。

7.9.1 航空计量

计量学是一门关于测量的科学，涉及测量理论和测量实践的各个方面。计量学研究的目标之一就是实现量值的准确一致。

航空计量的专业内容既有一般计量专业的共性内容，也有航空工程需求所带来的一些特色。

计量技术一般分为10大专业106项子专业，其中航空工业广泛应用、涉及到9大计量专业90项计量子专业（见表7-2）。

表7-2 航空计量专业与内容

技术专业	计量子专业（内容）
几何量计量（10项）	量块、线纹、表面粗糙度、角度、直线度和平面度、经纬仪类仪器计量及通用量具检定、工程测量、齿轮测量、坐标测量、几何量仪器检定
热学计量（9项）	电阻式温度计检定、热电偶温度计检定、膨胀式温度计检定、低温计量、辐射温度计检定、特殊状态下的温度测量与校准、热流计校准、温度显示与调节仪表检定、湿度计检定
力学量计量（13项）	质量、力值、扭矩、硬度、压力、真空、振动、冲击、转速、恒加速度、流量、流速、容量计量
电磁学计量（12项）	直流电压、直流电阻、交流阻抗、交直流高电压、交直流功率电能、交直流比率、交直流模拟仪器、交直流数字仪器、交直流转换仪、电学工程测量仪器、磁参数、磁性材料计量
无线电电子学计量（18项）	高频和微波功率、高频微波噪声、衰减、微波阻抗、射频微波相位和群时延、脉冲参数、调制度、失真度、电压参数、超低频参数、场强与干扰、接收机、频谱分析仪、半导体分立器件参数、电子元件阻抗、集成电路参数计量、电磁兼容测量、信号发生器计量校准

表 7-2（续）

技术专业	计量子专业（内容）
时间频率计量 （4 项）	频率计量、时间计量、远距离时频传递与校准、频率稳定度和相位噪声计量
光学计量 （15 项）	辐射度、光度、光潜光度、色度、激光参数、光学材料参数、波相差、光学传递函数、光学元件及光学系统特性参数、光纤特性参数、光纤器件参数、光电探测器参数计量、光电子测量仪器检定、光学薄膜参数测量、微光像增器和微光夜视仪参数测量
声学计量 （2 项）	超声计量、空气声计量
化学计量 （7 项）	电化学、物化特性量、色谱、光谱化学量、工程特性量、气体、粒度计量

航空计量除了上述专业与内容外，还有 6 项支撑这些专业的技术基础，分别是：通用计量术语，物理量和计量单位，数据处理与统计分析，测量不确定度评定，测量质量保证及保证计量质量的相关知识。

7.9.2　航空测试技术

航空测试技术贯穿于航空预研、产品开发、生产制造和使用维护的航空产品全寿命过程，其作用是获取试验和生产、使用、维护中的定性 / 定量数据或信息，并进行分析和评定；确定或验证被测对象的性能或当前状态；发现或预测产品故障，提出合理的维修动作。

航空测试技术的发展直接关系到航空科学基础的发展、航空产品的性能和质量，对提高航空装备完好性、降低寿命周期费用具有重要作用。

测试和测量在许多场合具有同样的含义，但严格讲是有区别的："测量"是单纯为获取被测对象的参数，如测量机械零件的尺寸，测量当前的环境温度等；而"测试"则具有试验性质，通常是指试验过程中获取信息的方法和过程，如飞机结构强度试验中的应力、位移测试，飞行试验中各种参数测试等。

测试技术包含测试原理、测试方法和测试设备。

航空测试技术大都是通用测试技术，但由于飞机及其机载设备均属高新技术产品，工作和使用环境恶劣，因此航空测试技术也有其特殊性，主要表现在：

①要求测试设备具有更高的精度、速度、分辨率、带宽、稳定性和可靠性。

②要求测试设备（尤其是外场设备）具有抗恶劣气候和环境条件的能力，还要便于携带和运输、容易组装和拆卸、便于作战部署。

③要满足飞机和武器运行过程中的动态测试，飞机隐身性能的动态测试等特种测试的要求。

④要满足航空发动机和武器系统在高空、高压、高温、高转速条件下的特种测试要求。

⑤要满足机载或弹载测试设备体积小、重量轻、测量参数多、存储容量大、远距无线传输、空地测试一体化等特殊要求。

⑥被测件往往成本高昂，在检测其内部缺陷或损伤时，要求进行无损检测。

这些都是地面民用产品测试中没有或少见的测试技术要求。

航空测试技术按采用的基本原理可以分为：声测技术，光测技术，电测技术，磁测技术，机械测试技术，理化测试技术，材料成分化学分析测试等；按航空测试技术本身的组成，可以分为：信号拾取、数据采集、传输、存储、处理、显示等技术门类。

近年来，随着电子技术、计算机技术的迅猛发展，航空测试技术也得到了很大的发展。航空测试技术和测试设备发展的方向包括：数字化、模块化、总线化、网络化、智能化、虚拟化、综合化、无线化、动态化、并行化、测控管一体化、通用化、标准化、小型化和自动化等。

同时，测试软件技术在测试技术中的地位越来越重要。测试软件技术包括：测试策略、方法、算法和仿真建模、多传感器数据融合、数据挖掘、数字滤波、数据压缩与解压、数据分析与处理、操作系统、数据库、语言、测试执行程序、测试向量生成、测试性评估、故障诊断与预测等。

以目前现状和未来发展趋势看，在构建测试系统的工作量和费用中，软件比硬件占有更大比重。

7.9.3 航空标准化

航空标准化是一系列活动的总称，包括制定航空标准、实施与航空相关的标准、监督标准实施，以及推行航空产品通用化／系列化／组合化等，目的是获得航空科研、生产和使用的最佳秩序。

航空标准是指，以航空产品及其过程、服务为对象，所制定的能共同使用和重复使用的文件。

航空工业行业标准的代号为 HB。例如，HB 6648—1992《飞机拦阻钩装置通用规范》。

航空标准是航空科技的重要组成部分和技术基础，而航空标准化是指为贯彻航空标准的所有活动的总称。

航空标准的作用主要体现在：

①为航空产品科研、生产、使用提供技术依据；

②有利于保证产品质量，提高产品效能；

③避免重复劳动，节省资源，提高工作效率；

④简化产品品种，减少研制经费，提高后勤保障能力；

⑤便于引进和固化并推广先进技术。

航空标准的分类方法很多，按标准的基本特性可分为技术标准、管理标准和工作标准。

其中，技术标准通常又可分为基础标准、产品标准和方法标准。按标准发布机关和适用范围，标准可分为国家标准、行业标准、地方标准、企业标准等。国家标准还分为强制标准（GB）和推荐标准（GB/T），以及国家军用标准（GJB）。

最能反映航空标准内容和分类的是航空标准体系表，它由航空标准和与航空有关的国家军用标准组成，不但全面系统地反映了航空标准覆盖的内容和分类，而且还体现各类／

各个标准的层次及其相互关系。

表 7-3 是航空标准体系表的结构总览。

表 7-3　航空标准体系表结构总览

标　准	内　容
飞机总体与机身系统标准	飞机生存力、悬挂相容性、机身、机翼、短舱、座舱、起飞着陆装置、内部设施等方面的标准
试验与评定标准	整机与机身系统地面试验、系统和部件试验、飞行试验、试验设施等方面的标准
飞机燃油系统标准	燃油箱、加放油、通气增压、供油、油量测量、防火防爆、防冰等分系统标准
液压、气动系统标准	能源装置、控制装置、执行动作装置等方面的标准
飞行控制系统标准	人工操纵、自动和电传飞行控制、飞行管理等方面的标准
航空电气系统标准	电源系统、输配电系统、用电设备及其试验等方面的标准
防护救生系统标准	供氧、弹射救生、个体防护、民机安全救生、生存搜索营救等方面的标准
环境控制系统标准	引气、调压、调温、调湿、防冰等方面的标准
空投空降系统标准	空投、空降及其降落伞等方面的标准
空运系统标准	散货运、集装箱设备等方面的标准
动力装置、螺旋桨标准	活塞式发动机、燃气涡轮发动机、燃气轮机、螺旋桨与传动系统等方面的标准
航空电子系统标准	通信、导航、座舱显示、探测、识别、信息综合、火力控制、电子对抗等方面的标准
航空机载武器标准	武器、悬挂和发射装置及其试验等标准
综合保障标准	保障计划、保障性分析、保障设备、备件供应、技术资料供应、设施、训练等方面的标准
直升机专用标准	直升机专用的从总体到各分系统、武器等方面的标准
航空通用标准	通用基础、材料及制品、零部件及元器件、工艺、工装等方面的标准。其中通用基础除机电行业通用的制图、公差配合、螺纹、齿轮等标准外，还有工程管理、质量管理、可靠性、维修性、安全性、环境工程、电磁兼容性等专业工程标准
其他飞行器专用标准	

我国现在已有航空标准 8000 多项，与航空有关的国家军用标准 1000 多项。此外，还有大量与航空有关的国家标准和相关各行业标准。这些标准是航空及其相关行业广大工程技术人员在长期的科研生产和使用实践中经验的结晶，是一个巨大的知识宝库。

7.9.4　质量管理与可靠性

"质量"的定义有一个演变过程，传统的质量观强调质量是"符合标准的程度"，新的质量观强调质量是"一组固有特性满足要求的程度"。

这里的"可靠性"指广义可靠性，包括通常概念的可靠性、维修性、测试性、保障性和安全性（统称 RMTSS）。

（1）航空产品的质量管理

航空产品的质量具有以下特点。

首先，具有显著的全寿命特征。航空产品的设计、制造、试验、生产、使用、维修和保障等各阶段的活动都对产品质量产生影响。

其次，具有全面的质量特征。航空产品质量强调包括性能、可靠性、维修性、测试性、保障性、安全性等在内的全面质量特性，这是由航空产品的特殊使命以及全寿命过程的质量要求所决定的。

为获得优质的航空产品，在产品研制过程中，必须开展严格的质量管理活动，包括产品质量控制和为确保质量而进行的组织协调与指挥等，具体工作包括质量策划、质量控制、质量保证、质量改进、质量监督等。

（2）航空产品的可靠性

为保证飞行安全和顺利完成飞行任务，从产品设计开始，就要把产品的可靠性、维修性、测试性、保障性和安全性（RMTSS）设计到产品中，实现 RMTSS 与产品同步设计。

可靠性管理指的是对产品 RMTSS 的需求分析、要求论证、设计分析、试制、试验验证和可靠性增长等一系列技术活动和工作项目的实施进行规划、计划、技术状态控制和评审等活动，以使新研制的产品达到期望的 RMTSS 水平，并在使用和保障过程中，发挥、恢复和保持固有的 RMTSS 水平。

RMTSS 各分项的内容如下。

①可靠性

可靠性指的是产品在规定条件下和规定时间内，完成规定功能的能力。可靠性有固有可靠性和使用可靠性之分。固有可靠性是产品从设计到制造过程中所确定了的内在可靠性，它是产品可靠性的期望水平。使用可靠性是考虑了使用、维护等的影响的可靠性指标，包括维修方法、程序以及操作人员的技术熟练程度等都会对使用可靠性产生影响。

按照完成功能能力及经济性考虑，又可分为基本可靠性和任务可靠性。基本可靠性即产品在规定条件下无故障的持续工作时间或概率，它反映了对维修人力和保障的要求；任务可靠性指产品在某种规定的任务剖面内完成规定功能的能力，它有助于描述飞机在执行任务过程中的状态变化。

可靠性常用任务可靠度（R_m）和平均故障间隔时间（MTBF）等参数来度量。前者表示成功完成某项任务的能力；后者反映可修复系统和设备的基本可靠性水平。如某战斗机在规定任务周期内的 R_m 为 0.9，某机载电源系统的 MTBF 为 6000h。

②维修性

维修性是产品在规定的条件下和规定的时间内，按规定的程序和方法进行维修，可以保持或恢复到规定状态的能力。它反映的是产品发生故障后迅速恢复其功能的能力。

维修性常用平均修复时间（MTTR）和每飞行小时的维修工时（MMH/FH）来度量。前者表示排除一次故障所需时间的平均值；后者反映维修人力消耗，直接关系到维修力量配置和维修费用。如某战斗机的 MTTR 为 1.8h，MMH/FH 为 5 个工时。

③测试性

测试性指的是，对于某产品（系统、子系统、设备或组件）能够及时而准确地确定其状态（可工作、不可工作或性能降低），并隔离其内部故障的一种设计特性。

这个定义强调了测试性是一种设计特性，反映产品故障能够被检测出并隔离的程度。常用故障检测率（FDR）、故障隔离率（FIR）和虚警率（FAR）来度量。

④保障性

保障性指的是，某飞行器的设计特性和计划的保障资源满足平时战备完好性和战时利用率要求的能力。

这里的"设计特性"包括可靠性、维修性、测试性、运输性、自保障性、人机综合特性、生存性、安全性和其他特性；"计划的保障资源"指为保证飞行器的使用和保障而规划的各种资源和条件，主要包括人员、备件、技术资料、训练、保障设备与设施、计算机资源，以及包装、储存、运输等；"平时战备完好性"指的是平时训练与战备值班时飞行器具有良好的使用可用度或能执行任务率；"战时利用率"指的是飞行器战时出动能力和出动架次率。

⑤安全性

安全性是航空产品设计必须满足的首要特性。它是通过设计赋予产品的一种特性，即产品所具有的不导致人员伤亡、产品毁坏、重大财产损失或不危及人员健康和环境的能力。

常用的安全性参数有事故率或事故概率、损失率或损失概率、安全可靠度等。

例如，军用飞机常用"事故次数$/10^5$飞行小时"表示飞机机队的事故率，如 F-16 战斗机的事故率为 1.3 次$/10^5$飞行小时；民用领域常用"事故次数$/10^6$离站次数"表示民航机队的事故概率，如波音 757 飞机的事故概率为 1.0 次$/10^6$离站次数。

在型号的研制过程中，为了实现型号规定的 RMTSS 要求，主承制方一般要通过制定 RMTSS 计划，对转承制方和供应方进行监督与控制，进行 RMTSS 工作评审，建立 RMTSS 数据收集、分析和跟踪系统，制定 RMTSS 设计准则，进行 RMTSS 设计和分析，开展 RMTSS 试验与验证以及进行 RMTSS 评估等一系列工作。

7.10 航空科技展望

纵观航空发展史，航空器的进步和航空工业的成长都源于航空科技的突破与发展。一方面，航空工业的需求对科学技术的发展提出要求；另一方面，科学技术的成果也为航空工业的进步提供了基础和支持。

近期的研究认为，航空科技发展的目标在于提高可靠性、机动性和总体性能，同时减轻重量，降低易损性、事故率及使用和维护成本。另外，近期发展趋势中也更加体现出无人驾驶系统的重要性。

2000 年 7 月，美国国防部发表的一份《军用关键技术》报告中总结出航空关键技术的六大领域，分别是：空气动力学、航空推进技术、航空结构、航空飞行器控制、航空子系统及部件、航空设计和系统综合。

我国航空界多年来持续进行航空科技战略研究，力求在世界经济和科技发展的大背景下，正确把握和部署未来的中国航空科技发展。研究认为，在今后 20 ～ 30 年间，对于飞行器发展可能产生重要影响的关键技术至少有以下领域。

（1）高效气动技术

高效气动技术有两层含义：一是提升飞行器的气动效能；二是提升飞行器气动设计的能力。

飞行器的气动效能主要体现在升阻比方面，可以通过提高升力、降低阻力或两者的综合优化来获得。这方面的研究旨在提高飞行效率、扩大飞行包线、提高安全性和降低成本。

主要研究工作包括：高效气动布局研究、先进机翼与翼型优化、高效增升减阻、主动流动控制、先进层流技术、高精度计算流体力学和先进风洞气动力试验等。

气动设计的能力体现在对特定流场的分析能力和对所需要的流态的控制能力。例如，在作为气动力基础支撑的计算流体力学（CFD）方面，复杂干扰计算的实现，将为突破非定常流的 CFD 提供基本方法；计算能力的不断提高，使平均雷诺数 N–S 方程仿真转向 LES 大型涡流仿真；随着计算精度的提高，建立误差在 10% 以内的 CFD 数据库，并以实物试验的结果进行比对修正成为可能；CFD 系统与工具将越来越易于使用，将能够向非 CFD 研究的工程师提供适用于工程设计的 CFD 计算工具。

主动流动控制技术也越来越受到重视。根据不同飞行状态或飞行条件的需要，采取最恰当的流动控制技术，可以使空气动力效率提高到前所未有的水平。例如，边界层控制技术，不仅可减小阻力和降低噪声，还有利于飞行控制。在飞行体的一侧或两侧采用边界层控制技术，能更有效地替代副翼进行滚转控制。

空气动力学研究的进展也为飞机气动力布局带来新的变革。

（2）高效推进技术

现代航空器对于动力装置的要求主要体现在两方面，一是性能的提升，包括：重量轻、耗油率低、高推重比 / 功重比、智能化等；另一方面是使用能力的提升，如可靠性、适用性、维修性和经济性等。

推进技术的发展，也大致有两种途径：一是在现有发动机原理的基础上进行改善，通过综合运用气动热力学、材料、结构设计和控制等的最新成果，提高涡轮前温度，简化结构，减轻重量，实现最优性能控制等。对于大型运输类飞机的超高涵道比涡扇发动机，通过改进燃烧室和高效率的涡轮机、主动噪声控制和新型低噪声尾喷管等技术，可以进一步降低耗油率、加大推力、降低噪声和减少排放污染。

另一种途径是探索和研发新型发动机，如齿轮传动发动机、开放转子发动机、超燃冲压发动机、变循环发动机、多电 / 全电发动机等。利用高能燃料替代传统航空煤油，利用电能 / 核能 / 太阳能等新能源发动机等，也会使飞机的性能和应用范围出现新的突破。

（3）主动结构技术

主动结构技术，或称智能结构技术，可使飞机在不同速度、迎角等状态下，根据指令或自动改变自身结构特征，如机翼展弦比、后掠角、扭转角、翼型弯度等，从而在各个飞行阶段都保持气动效率最优，提升总体性能；还可用于飞机受损后自动重构其主要结构和操纵系统，以保证飞行安全。

主动结构技术对于飞行器的减振降噪和节油减排也可有效发挥作用。

　　一般来说，主动结构系统除了结构基体材料外，还包括三大部分：传感元件、控制器和作动元件。传感元件感知外界环境刺激并把其结果转为信号传送给控制器。控制器按照输入信号实时做出处理和判断，并产生信号。作动元件接收控制器发来的信号使结构及时主动地做出反应。对于高水平的主动结构系统，传感元件、作动元件（甚至控制器）和结构基体材料应该是一个不可分割的整体。

　　主动结构技术涉及先进航空材料、先进传感器与作动机构、自适应结构、气动弹性、仿生飞行器结构设计等领域。

　　（4）高性能材料与先进制造技术

　　高性能材料主要包括先进复合材料、高温合金、先进功能材料等；先进制造技术主要包括复合材料结构制造、大型整体结构制造技术等。高性能材料与先进制造技术越来越呈现出融合发展的趋向。

　　随着先进复合材料技术和结构制造技术的发展，高性能复合材料用量大幅度增加，并用于主要承力部件，在降低飞行器本体重量的同时，也使综合成本显著降低。

　　先进高温材料技术的发展，可以有效提升航空发动机内部高温零部件的质量，提升发动机性能。

　　还有一类智能材料，是 20 世纪 80 年代中期提出的新兴多功能材料，能够实现结构功能化、功能多样化。根据它们在工作时发挥作用的不同，可以分为两大类：一类是可以感知外界刺激的智能材料，称为感知材料，可以用来制成传感器，探测外界环境以及自身工作状态的变化；另一类是能够在外界环境或内部状态发生变化后做出恰当响应的材料，称为作动材料，常用来做执行器。例如，形状记忆材料、压电材料、铁磁材料既可以作感知材料，也可以是作动材料；光导纤维、光 / 湿 / 热 / 气敏材料等可以作为感知材料，而某些高分子复合材料，如自愈合材料是很好的执行材料。

　　先进制造技术方面，除了大型整体结构制造、数控自动化加工、柔性装配等先进制造能力之外，还配合有信息化综合管理能力的提升，多方面综合形成高效、敏捷、稳定、可靠的航空制造技术体系。

　　（5）高超声速技术

　　高超声速技术在军事和民用领域都有着深远的应用前景。作为航空航天技术的结合点，它涉及到许多学科，是诸多前沿技术的集合。高超声速技术的发展对于军事发展战略、空间技术、武器体系构建乃至整个科学技术进步都会产生重大影响。

　　高超声速技术相关的科技包括高超声速空气动力学、气动 / 推进一体化、气动热计算、热结构力学分析与优化、高超声速动力、主 / 被动热管理、热结构健康监测与维修、高超声速飞行器试验技术等。其中重点在于高超声速气动设计、防热结构和高超声速动力三个方面。

　　（6）先进导航与控制技术

　　先进导航与控制技术对于提高飞行器的任务适应性、作战效能及生存力具有重要作用，是发展各类新型飞行器的关键技术。

　　主要专业研究领域涉及飞行控制、综合控制、惯性导航、组合导航等平台技术，以及惯性器件、作动器、传感器、处理机、飞行软件与仿真技术等方面；系统构成复杂，关键技术多。

在系统开发方面，重点是高精度导航系统和自主控制系统及自适应飞行控制系统等。

高精度导航系统的任务是实现飞行器高自主性、高导航精度、高可靠性、快速反应特性及良好的使用维护性。

自主控制系统面向非结构化环境和不确定性，不依赖于外界，实现以本体态势感知为中心的控制；自适应控制系统可以通过修正控制器自身持性，以适应对象和扰动的变化，使系统在控制对象参数或结构大范围变化时，仍能自动工作且近于最优运行状态，对于未来参数和结构具有强不确定性的飞行器有着重要价值。

（7）无人飞行器及其系统技术

随着无人飞行器的逐步成熟，它已经成为未来作战武器的重点，同时也展现出在民用领域的广阔使用前景。

无人机发展的方向是高飞行性能和高智能化。由于不需考虑机组成员及其生命保障环境，无人机在设计方面约束更少，可以承受很高的过载，达到宽广的飞行包线；在气动外形和内部布置方面也更灵活。因而，无人机在飞行性能方面有很大的提升空间。

智能化，即自主控制能力，指的是无人飞行器具备对态势做出感知与判断，进而做出适当反应（包括规避、航路重规划、控制、通信和决策等）的自主能力。

这方面相关的研究包括：面向控制的飞行器动力学建模与验证，推进/姿态/气动力/气动热协调控制，参数与状态耦合的不确定非线性智能自适应控制，混合异类多操纵方式复合控制，余度容错高可靠控制，高动态载体运动信息自主获取方法等。

无人飞行器及其系统的主要发展趋向除实现和增强自主能力外，还有从单个飞行器的使用转到有人与无人、无人与无人系统的综合使用，集群作战能力等。

随着微机电、纳米材料及微制造技术的快速发展，微型作战飞行器在军事领域将越来越显示出其独特的应用价值。

（8）飞行器多电/全电化技术

飞行器多电/全电化指的是用电能取代目前飞行器上使用的液压、气压和机械等多种能源形式，以提高飞行器能源综合利用效率，有效降低全机的排放量，降低对环境的影响。

电能相较于液压能和气能，更容易实现能量传输与管理的自动化、智能化和集中化，更容易实现飞机二次能源架构的优化。另外，飞机二次能源的优化也直接降低了对发动机的功率提取，进而有效减小了飞机的燃油消耗。

近年来电动飞机技术快速发展，有可能颠覆未来飞机发展趋势。电动飞机技术具备清洁环保的特点，可帮助飞机降低污染、噪声及飞行成本，受到越来越多的关注。随着电推进系统的逐渐成熟，也可能会推进飞机设计技术方面的革命。

（9）绿色航空技术

绿色航空技术的出发点是提高飞行活动的环保性，由于全社会对环境保护的日益关注，绿色航空技术也成为实现民用航空持续发展的关键技术。

研究重点主要包括减少飞机污染物（主要是氮氧化物和二氧化碳）排放和降低飞机噪声（包括机内噪声和机外噪声）的技术。关键在于飞机本体的高效飞行技术，和发动机的低油耗、低排放、低噪声特性。相关技术包括低油耗发动机技术、低氮氧化物燃烧控制技术、清洁燃料技术、气动噪声分析技术、噪声控制技术等。

（10）故障预测与健康管理技术

随着故障监测和维修技术的迅速发展，在军机方面已逐步开发应用了飞机状态监测系统、发动机监测系统、综合诊断预测系统等。20世纪末，在美国F–35项目中首次把故障预测和维修全面解决方案命名为故障预测与健康管理PHM系统。

PHM是机内测试和状态监控技术的发展，主要技术进步要素是引入故障预测能力，实现从健康监控向健康管理的转变。

随着对民机安全性日益提升的要求，PHM也已成为新型民机设计和研制技术体系的重要组成部分。

航空领域PHM系统主要由6个部分构成：数据采集、信息处理、状态监测、健康评估、故障预测决策和保障决策。PHM技术覆盖机体、动力和机载系统。

由于PHM系统包括传感器、结构与机构、处理器、电子与测试设备、软件等，因此实施PHM的主要挑战是技术的集成。随着系统设计、软件开发、结构设计、测试/诊断程序开发、结构与系统制造及系统软硬件集成等多方面的研究和攻关，PHM技术会为飞行器系统带来越来越强的能力，大幅提高飞行器的可靠性和安全性，同时也大幅提升飞机的使用费用和保障费用。

（11）先进飞机设计技术

飞机设计不同于航空领域的其他分析类学科，它不但需要扎实的基础，也需要开阔的思路和融会贯通的能力。设计水平的高低也直接影响着产品的竞争力。

20世纪末美国一些调查指出，"航空工程师中有超过40%的人从事设计相关工作（方案设计、初步设计、详细设计、工艺设计等）"，可见设计对于工业发展的重要性。在美国国防部发表的一份《军用关键技术》报告中也将"航空设计和系统综合"列为六大关键技术之一。

近年来在飞机设计技术的发展方面大致有几个重点方向。

①全三维设计技术

随着计算机技术发展，特别是三维CAD技术的发展，人类使用三维模型表达设计意图成为可能。基于CAD技术的虚拟样机设计技术，大大提升了设计能力。几乎所有的设计意图都可以通过三维模型进行协调和匹配检查、运动机构仿真、分析仿真等，充分实现所见即所得。在降低了劳动强度的同时，也减少了设计返工，提高了设计质量。

虽然三维模型包含了详细的形状信息，但还缺乏许多信息，例如：几何公差、尺寸公差、表面粗糙度、表面处理方法、热处理方法、材质、结合形式、间隙的设置、连接范围、润滑油涂刷范围和颜色、要求符合的规格与标准等。因此，工业界也在积极探索便于用户理解、更具效率的设计信息表达方式。

全三维设计技术主要涉及全三维设计工具、全三维设计规范、全三维数据管理技术等几个方面。

②并行协同设计

传统的飞机研制工作更倾向于分成多个步骤逐个开展，例如，首先进行方案设计和初步设计，然后提交给详细设计部门；后者完成工作后，再把任务传递到制造部门。如果制造部门发现产品存在制造问题时，再逐级回溯，商讨解决办法。通常会造成大量的重复工作，产品质量也会大打折扣。

并行协同设计，各方面的工程人员在项目初期就结合在研制环境中，设计、分析、试验、工艺人员甚至用户结合在一起，可以充分沟通协商。这样可以降低生产费用、提高产品质量，并且大幅减少研制过程中的更改工作。

全三维设计技术的发展，使得并行协同设计更容易实施。在数字化协同产品研发平台上，可以实现全三维样机协同设计和管理、基于产品结构的数据关联管理、基于三维模型的工艺设计和管理、基于三维模型的电子化审签和变更管理，以及技术状态的统一管理和控制等。

③系统工程

系统工程并不是一个新概念，它已经有相当长时间的发展了。但在实际应用中却比较难以实施，主要原因在于大型的工程项目都会涉及到许多方面，有大量相互关联甚至相互矛盾的因素；除了大量的分析工作，还存在许多无法精确量化的因素，这些都造成决策的困难。

系统工程是一种方法论，而不只是"论方法"。它不仅仅是一些具体方法的总汇，而是带有工程哲学的性质。哲学的根本问题是人对客观世界正确地认识和能动地改造问题。在工程项目的过程中需要使用技巧和方法的综合、需要全局性的考虑，而不仅是考虑个别的局部。

在系统工程的理论思路下，系统工程发展了一系列的方法，也吸取了其他途径所发展的方法，如运筹学、优化技术、回归分析、试验设计、系统模拟、人机工程、可靠性分析、决策论、定量评定技术、计划评审技术等，形成系统工程丰富的方法库。随着计算机技术的发展，这些方法也得到更大的发展和运用。这些方法都有它们本身的作用，但在系统工程的总思路下有机结合，可以发挥出更大的总体效能。

随着航空市场需求的不断增长，新型飞机技术不断成熟，航空领域的竞争会越来越激烈，保持市场竞争力的根源就是领先的科学技术。

科技实力体现在基础科技的深化和应用，也体现在对前沿科技的探索和尝试。因此，在科技发展的策略上，既要夯实基础，立足实用，也要勇于探索，锐意创新。唯有如此，才能应对日趋激烈的技术竞争与挑战，也才能真正实现科技创新和跨越式发展。

参考文献

［1］宋笔锋.航空航天技术概论［M］.北京：国防工业出版社，2006.

［2］李红军.航空航天概论［M］.北京：北京航空航天大学出版社，2006.

［3］何庆芝.航空概论［M］.北京：北京航空航天大学出版社，1997.

［4］王细洋.航空概论［M］.北京：航空工业出版社，2006.

［5］昂海松.航空概论［M］.北京：科学出版社，2008.

［6］《新航空概论》编写组.新航空概论［M］.北京：航空工业出版社，2010.

［7］王洪伟.我所理解的流体力学［M］.北京：国防工业出版社，2019.

［8］程不时.翼海撷英：航空趣闻轶事［M］.北京：北京航空航天大学出版社，2003.

［9］内藤广.结构设计讲义［M］.张光玮，崔轩，译.北京：清华大学出版社，2018.

［10］余安东.工程结构纵横谈［M］.上海：同济大学出版社，2018.

［11］李成智.飞行之梦：航空航天发展史概论［M］.北京：北京航空航天大学出版社，2004.

［12］艾德·奥波特.运输类飞机的空气动力学设计［M］.顾诵芬，吴兴世，杨新军，译.上海：上海交通大学出版社，2010.

［13］程不时.天高歌长：我的飞机设计师生涯［M］.上海：上海人民出版社，2004.

［14］凯利·约翰逊，玛吉·史密斯.我怎样设计飞机：美国飞机设计师凯利·约翰逊自传［M］.程不时，译.北京：航空工业出版社，1990.

［15］李成智.空气动力学与航空工业［M］.太原：山西教育出版社，2012.

［16］李小宁.大型客机的市场竞争与发展战略［M］.北京：北京航空航天大学出版社，2009.

［17］David F. Anderson，Scott Eberhardt. Understanding Flight［M］. McGraw-Hill，2009.

［18］Darrol Stinton. The Anatomy of the Airplane［M］. American Institute of Aeronautics and Astronautics，1998.

［19］L.M. Nicolai. Fundamentals of Aircraft Design［M］. American Institute of Aeronautics and Astronautics，2010.

［20］P. Jackson. Jane's All The World's Aircraft［M］. Janes Information Group，2009.

［21］J. Fielding. Introduction to Aircraft Design［M］. New York：Cambridge University Press，2017.

［22］Daniel P. Raymer. Aircraft Design-A Conceptual Approach［M］. American Institute of Aeronautics and Astronautics，2012.

［23］Denis Howe. Aircraft Conceptual Design Synthesis［M］. John Wiley & Sons, 2000.

［24］Michael C.Y. Niu. Airframe Structural Design［M］. Adaso/Adastra Engineering Center, 2011.

［25］Ray Whitford. Design for Air Combat［M］. Janes Information Group, 1987.

［26］D. Kuchemann. The Aerodynamic Design of Aircraft［M］. American Institute of Aeronautics and Astronautics, 2012.